YINGYONG HUAXUE ZONGHE SHIYAN

应用化学综合实验

金 真　马毅红　彭忠利　罗付生　编著

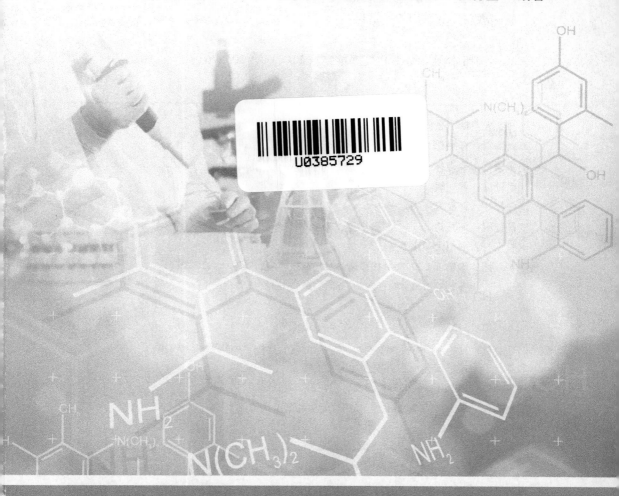

中山大学出版社
SUN YAT-SEN UNIVERSITY PRESS
·广州·

图书在版编目（CIP）数据

应用化学综合实验/金真，马毅红，彭忠利，罗付生编著 . —广州：
中山大学出版社，2017.9
ISBN 978 - 7 - 306 - 06159 - 1

Ⅰ. ①应…　Ⅱ. ①金…　②马…　③彭…　④罗…　Ⅲ. ①应用化学—化学
实验—教材　Ⅳ. ①O69 - 33

中国版本图书馆 CIP 数据核字（2017）第 205876 号

出　版　人：徐　劲
策划编辑：金继伟
责任编辑：曾育林
封面设计：曾　斌
责任校对：曹丽云
责任技编：何雅涛
出版发行：中山大学出版社
电　　话：编辑部 020 - 84110771，84113349，84111997，84110779
　　　　　发行部 020 - 84111998，84111981，84111160
地　　址：广州市新港西路 135 号
邮　　编：510275　　传　　真：020 - 84036565
网　　址：http：//www.zsup.com.cn　E-mail：zdcbs@ mail. sysu. edu. cn
印　刷　者：虎彩印艺股份有限公司
规　　格：787mm×1092mm　1/16　11.25 印张　200 千字
版次印次：2017 年 9 月第 1 版　2017 年 9 月第 1 次印刷
定　　价：38.00 元

序　言

　　化学是一门以实验为基础的学科，提高学生的综合化学实验能力是对其创新能力培养的重要环节。根据培养应用型人才的目标定位，在改革实验教学体系中把培养学生的综合实验能力和科研创新能力作为一个重要内容，按基础化学实验、综合化学实验、开放创新实验、专业实验的教学模式对学生进行系统扎实的实验能力训练，在完成基础化学实验的基础上，通过综合性化学实验来培养学生的综合实验能力和初步科研创新能力，为其参与创新实验研究、教师科研及毕业论文研究打下基础。

　　《应用化学综合实验》是在总结多年实验教学改革和实践的基础上，根据自身的实验室条件，采取稳步推进、先易后难、系统训练、四年不断线的方式，在培养学生扎实基础实验能力的同时，注重培养学生的综合实验能力和技术研发技能，其目标是在无机物的制备、有机物的合成、实际样品的分析与处理、化工综合技术、高分子材料的制备、精细化学品的制备等方面对学生综合能力和解决实际问题能力的培养与提高。

　　本讲义由金真老师组织编写，其中无机综合实验由叶晓萍老师编写，有机综合实验由刘鸿老师编写，分析综合实验由金真、马毅红老师编写，化工综合技术实验由金真老师编写，精细化学品制备实验由彭忠利老师编写，高分子材料实验由罗付生老师编写。

　　限于编者水平有限，书中难免存在错误之处，希望广大读者批评指正。

目　录

第一编　无机综合实验

第二编　分析综合实验

第六编　精细化学品制备实验

第一编 无机综合实验

实验一 莫尔盐的制备及组成分析

一、实验目的

（1）了解复盐的制备方法。
（2）练习水浴加热和减压过滤等操作。

二、实验原理

铁屑易溶于稀硫酸，生成硫酸亚铁：

$$Fe(s) + H_2SO_4(aq) = FeSO_4(aq) + H_2(g)$$

硫酸亚铁与等物质量的硫酸铵在水溶液中相互作用，即生成溶解度较小的浅蓝色硫酸亚铁铵 $FeSO_4 \cdot (NH_4)_2SO_4 \cdot 6H_2O$ 复合晶体。一般亚铁盐在空气中都易被氧化，但形成复盐后比较稳定，不易氧化。

$$FeSO_4(aq) + (NH_4)_2SO_4(s) + 6H_2O = FeSO_4 \cdot (NH_4)_2SO_4 \cdot 6H_2O(s)$$

产品的质量鉴定可采用高锰酸钾滴定法确定有效成分的含量：

$$5Fe^{2+}(aq) + MnO_4^-(aq) + 8H^+(aq) = 5Fe^{3+}(aq) + Mn^{2+}(aq) + 4H_2O$$

三、器材和药品

1. 实验器材

抽滤瓶，布氏漏斗，锥形瓶（250 mL），表面皿，蒸发皿（50 mL），量筒（10 mL、50 mL），电子天平，称量瓶，恒温水浴锅，移液管（10 mL、25 mL），点滴板，比色管（10 支 10 mL）。

2. 实验药品

铁屑、$(NH_4)_2SO_4$（固）、H_2SO_4（3 mol/L）、HCl（6 mol/L、2 mol/L）、

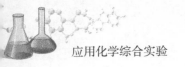

Na_2CO_3（10%）、蒸馏水、$KMnO_4$ 标准溶液（0.02000 mol/L）、KSCN（1 mol/L）、$K_3[Fe(CN)_6]$（0.1 mol/L）、NaOH（2 mol/L）、$BaCl_2$（1.0 mol/L）、Nessler 试剂。

3. 实验材料

红色石蕊试纸、pH 试纸、滤纸（中、小）各 2 盒。

四、实验内容

1. 铁屑的准备

用台秤称取 2.0 g 铁屑，放入 250 mL 锥形瓶中，加入 15 mL 10% Na_2CO_3 溶液，加热煮沸除去油污，倾去碱液，用水洗至铁屑为中性。

2. 硫酸亚铁的制备

往盛有洗净铁屑的烧杯中加入 15 mL 3 mol/L H_2SO_4 溶液，盖上表面皿，放在水浴中加热（在通风橱中进行，保持 pH 小于 2），温度控制在 70～80 ℃，直至不再大量冒气泡，表示反应基本完成（反应过程中要适当添加去离子水，以补充蒸发掉的水分）。趁热过滤（用少量热水冲洗滤纸），将滤液转入 50 mL 蒸发皿中。洗涤烧杯，用去离子水洗涤残渣，用滤纸吸干后称量，从而算出溶液中所溶解的铁屑的质量。

3. 硫酸亚铁铵的制备

根据 $FeSO_4$ 的理论产量，计算所需 $(NH_4)_2SO_4$ 的用量（约 1：0.75），称取硫酸铵固体，将其加入上述所制的 $FeSO_4$ 溶液中，在水浴中加热搅拌，使硫酸铵全部溶解，调节 pH 为 1～2，蒸发浓缩至液面出现晶膜为止，取下蒸发皿冷却至室温，使 $FeSO_4 \cdot (NH_4)_2SO_4 \cdot 6H_2O$ 结晶出来。用布氏漏斗减压抽滤，用少量无水乙醇洗去晶体表面所附着的水分，转移至表面皿上，晾干后再称量，计算产率。

4. 产品的检验

1）定性鉴定产品中的 NH_4^+，Fe^{2+} 和 SO_4^{2+}

（1）NH_4^+ 鉴定。NH_4^+ 与 Nessler 试剂（$K_2[HgI_4]$ + KOH）反应生成红棕色的沉淀：

$$NH_4^+(aq) + 2[HgI_4]^{2-}(aq) + 4OH^-(aq) = HgO \cdot HgNH_2I(s) + 7I^-(aq) + 3H_2O$$

Nessler 试剂是 $K_2[HgI_4]$ 的碱性溶液，如果溶液中有 Fe^{3+}、Cr^{3+}、Co^{2+} 和 Ni^{2+} 等离子，能与 KOH 反应生成深色的氢氧化物沉淀，从而干扰 NH_4^+

的鉴定，为此可改用下述方法：

在原试液中加入 NaOH 溶液并微热，用滴加 Nessler 试剂的滤纸条检验逸出的氨气，由于 $NH_3(g)$ 与 Nessler 试剂作用，滤纸上出现红棕色斑点。

$$NH_3(g) + 2[HgI_4]^{2-}(aq) + 3OH^-(aq) = HgO \cdot HgNH_2I(s) + 7I^-(aq) + 2H_2O$$

鉴定步骤：加 10 滴试液于试管中，加入 2 mol/L NaOH 溶液使呈碱性，微热，并用滴加 Nessler 试剂的滤纸条检验逸出的气体，如有红棕色斑点出现，表示有 NH_4^+ 存在。加 10 滴试液于试管中，加入 2 mol/L NaOH 溶液碱化，微热，并用润湿的红色石蕊试纸（或用 pH 试纸）检验逸出的气体，如试纸显蓝色，表示有 NH_4^+ 存在。

（2）Fe^{2+} 鉴定。Fe^{2+} 与 $K_3[Fe(CN)_6]$ 溶液在 pH < 7 溶液中反应，生成深蓝色沉淀（滕氏蓝）：

$$3Fe^{2+} + 2[Fe(CN)_6]^{3-} = Fe_3[Fe(CN)_6]_2 \downarrow (滕氏蓝)$$

滕氏蓝沉淀能被强碱分解，生成红棕色 $Fe(OH)_3$ 沉淀。

鉴定步骤：加 1 滴试液于点滴板上，加 1 滴 2 mol/L HCl 溶液酸化（无气泡），加 1 滴 0.1 mol/L $K_3[Fe(CN)_6]$ 溶液，溶液如出现蓝色沉淀，表示有 Fe^{2+} 存在。

（3）SO_4^{2-} 鉴定。SO_4^{2-} 与 Ba^{2+} 反应生成 $BaSO_4$ 白色沉淀。

CO_3^{2-}、SO_3^{2-} 等干扰 SO_4^{2-} 的鉴定，可先酸化，以除去这些离子。

鉴定步骤：加 5 滴试液于试管中，加 6 mol/L HCl 溶液至无气泡产生，再多加 1~2 滴。加入 1~2 滴 1 mol/L $BaCl_2$ 溶液，若生成白色沉淀，表示有 SO_4^{2-} 存在。

2）产品纯度检验

用烧杯将去离子水煮沸 5 min，以除去溶解的氧，盖好，冷却后备用。

称取 0.2 g 产品，置于试管中，加 1 mL 备用的去离子水使之溶解，再加入 5 滴 2 mol/L HCl 溶液和 2 滴 1 mol/L KSCN 溶液，最后用除氧的去离子水稀释到 5 mL，摇匀，置于比色管中，与标准系列比色分析，以确定产品等级。见表 1-1。

表 1-1 硫酸亚铁铵产品等级与 Fe^{3+} 的含量

产品等级	I 级	II 级	III 级
w（Fe^{3+}）	0.005	0.01	0.02

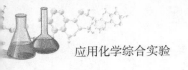

五、思考题

（1）硫酸亚铁溶液的制备中为什么要趁热过滤？
（2）制备硫酸亚铁铵时为什么要保持溶液呈强酸性？

实验二　无机耐高温涂料的制备

一、实验要求

（1）了解无机耐高温涂料的一般性能和应用。
（2）学习无机硅酸盐耐高温涂料的制备方法。

二、实验原理

（1）涂料产品很多，从不同角度分类的方法也不同，按其性质和用途可分为耐热涂料、绝缘涂料、防火涂料、高温涂料等。耐热涂料一般是指在较高温度下不变色、不脱落，仍能保持适当的物理机械性能的涂料。耐热涂料广泛地应用于烟囱、高温蒸汽管道、热交换器、高温炉、石油裂解设备、发动机部位及排管等方面。

（2）耐热涂料种类较多，根据其原料的性质，大致可分为有机耐热涂料和无机耐热涂料两大类。有机耐热涂料可分为杂环聚合物耐热涂料和元素有机耐热涂料，元素有机耐热涂料又包括有机硅耐热涂料、有机氟耐热涂料和有机钛耐热涂料等。而无机耐热涂料则可分为硅酸乙酯耐热涂料、硅酸盐耐热涂料、硅溶胶耐热涂料和磷酸盐耐热涂料等类型。

（3）相对于有机耐热涂料，无机耐热涂料耐高温性能好，耐热温度可达 $400 \sim 1000 \ ℃$，甚至更高。其中，碱金属盐类耐温 $700 \sim 1700 \ ℃$，硅溶胶类耐温 $1000 \sim 1500 \ ℃$。另外，无机型耐热涂料阻燃性好、硬度高，所用原料无毒，易得，污染小，成本较低，但涂层一般较脆，在未完全固化之前耐水性不好，对底材的处理要求较高。

（4）本实验所制备的是一种硅酸盐低温固化耐热无机涂料，使用无机物硅酸钠、二氧化硅、二氧化钛等耐酸耐碱性好的氧化物，按一定比例混合调匀后涂于需要的底材上，在一定温度下烘烤后，可形成致密、均匀、耐高温、抗氧化、耐老化、耐酸耐碱性能较好的涂层。它是以硅酸钠和二氧化硅为成膜物质，它的成膜主要是通过水分子蒸发和分子间硅—氧键的结合形成的无机高分子聚合物来实现的，硅酸盐的硅—氧键的结合能力比有机聚合物中碳—碳键的结合能力大，因此对光、热及放射性具有很好的稳定性，同时TiO_2具有良好的着色力、遮盖力和高度的化学稳定性，故该涂料有优良的耐热和耐老化性能及良好的附着力。

三、实验仪器和试剂

1. 仪器

马弗炉、托盘天平、研钵、烧杯（100 mL）、量筒（10 mL）、约 5 cm × 5 cm钢片或铁片（用作涂料底材）。

2. 试剂

$Na_2SiO_3 \cdot 9H_2O$（AR）、SiO_2（AR）、TiO_2（CP）。

四、实验步骤

（1）底材的表面处理：用砂纸打磨事先准备好的底材表面或用酸处理底材表面以除去污物和氧化膜。

（2）取 1 g $Na_2SiO_3 \cdot 9H_2O$、0.6 g SiO_2、0.8 g TiO_2 固体于研钵中，混匀，研磨后置于 100 mL 的烧杯中，加入 0.5 mL 水，用玻璃棒搅拌，混匀，呈白色糊状物。

（3）用刮涂法把白色糊状物均匀地涂于处理好的底材表面上，涂抹要平整，涂层要致密（若涂抹不平整，可在涂抹时蘸取少许水，这样涂抹可得到较平整的涂层）。

（4）待涂层晾干后，将其放置于升温至 80 ℃的马弗炉中，烘烤20 min，取出后至少在室温下放置 5 min。

（5）将马弗炉温度升至 300 ℃，再把上一步制好的涂层放入其中，并在 300 ℃下烘烤 20 min，取出即可得到白色的耐高温涂层。

五、实验结果与讨论

1. 温度对涂层性能的影响

涂层在任何温度下烘烤，对涂层性能影响不大，反复于上述温度下烘烤

也无妨。若仅让涂层自然晾干或烘烤的最高温度低于 300 ℃，所得的涂层固化效果不好，附着力差，易脱落，耐水、耐酸、耐碱性差。

2. 涂层的附着力可用划格法进行测试

划格法是用保险刀在涂层表面上切六道平行的切痕（长 10 ～ 20 mm，切痕间的距离为 1 mm），应切穿涂层的整个深度，然后再切同样的切痕六道，与前者垂直，形成许多小方格，过后用手指轻轻触摸，涂层不应从方格中脱落，并仍与底材牢固结合者为合格。涂层的附着力与其涂抹的均匀、致密程度有关，若涂抹不均匀，致密性不好，则附着力相对较差。

3. 涂层的耐酸耐碱性能实验

在做好的涂层上用滴管分别滴加 6 mol/L 的盐酸溶液、40% 的氢氧化钠溶液各 2 滴于不同的地方，5 min 后擦除，涂层基本无变化，5 h 后擦除，效果同前，但在滴过 6 mol/L 的盐酸溶液的地方涂层稍显黄色。

4. 配料比对涂层性能的影响

改变 $Na_2SiO_3 \cdot 9H_2O$、SiO_2、TiO_2 的用量比，对涂层的附着力、固化效果、耐热性能等均会产生一定的影响。如：增加 $Na_2SiO_3 \cdot 9H_2O$ 的用量，固化效果差，不耐水；增加 TiO_2 的用量，对固化效果影响不大，但附着力差；而减小 $Na_2SiO_3 \cdot 9H_2O$ 的用量时，其附着力相对较差；减小 TiO_2 的用量时，涂层不耐水，附着力差。

5. 底材的影响

要求底材相对耐高温，所耐温度至少要高于涂层烘烤的最高温度；且要相对耐酸耐碱，否则会影响涂料的性能，同时在涂抹时要将底材的表面处理干净，否则会影响附着力。

六、思考题

（1）无机耐高温涂料与相应的有机涂料比有哪些优缺点？
（2）在涂料的固化过程中，哪些因素对涂料的附着力性能影响较大？

实验三　钢铁表面的磷化处理

一、实验目的

（1）了解磷酸盐在钢铁防锈技术上的作用。
（2）了解磷化工艺及过程中的相关化学反应机理。

二、实验原理

钢铁表面的磷化处理是防锈的一种有效措施，钢铁制件在一定条件下，经磷酸盐水溶液处理后，表面上形成一层磷酸盐保护膜，简称"磷化膜"。此膜疏松，多孔，具有附着力强、耐蚀性和绝缘性好等特点，可以作为良好的涂漆底层和润滑层。所以磷化处理被广泛地应用于汽车、家用电器和钢丝拉拔等工业部门。按磷化液主成分的不同，有磷酸锰盐、磷酸铁盐和磷酸锌盐等类型的磷化液；按磷化方式不同，有浸渍、喷射和涂刷等磷化方式。为了获得性能良好的磷化膜和改进磷化工艺，目前国内外仍将磷化作为重要课题加以研究。

制备磷酸锌盐磷化液的基本原料是工业磷酸、硝酸和氧化锌。可以按一定比例直接配成磷化液，也可以先制成磷酸二氢锌和硝酸锌浓溶液，再按一定比例加水配成磷化液。磷化处理的一般过程是钢件→除油→酸洗→水洗→磷化→水洗→涂漆。除油可采用金属清洗剂在常温下进行，水洗时如表面不挂水珠，则表示除油彻底。酸洗液可用 20% H_2SO_4，洗到铁锈除净为止，酸洗温度过高或时间过长，会产生过腐蚀现象，应当避免。各水洗过程都用自来水，最好采用淋洗。

磷化过程包含着复杂的化学反应，涉及解离、水解、氧化还原、沉淀和配位反应等。

1. 磷化前磷化液中存在的两类化学反应
（1）解离。

$$Zn(NO_3)_2(aq) = Zn^{2+}(aq) + 2NO_3^-(aq)$$
$$Zn(H_2PO_4)_2(aq) = Zn^{2+}(aq) + 2H_2PO_4^-(aq)$$

7

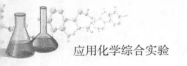

（2）电离：

$$H_2PO_4^-(aq) \rightleftharpoons HPO_4^{2-}(aq) + H^+(aq) \quad (K \approx 10^{-8})$$

$$HPO_4^{2-}(aq) \rightleftharpoons PO_4^{3-}(aq) + H^+(aq) \quad (K \approx 10^{-13})$$

$$Zn^{2+}(aq) + H_2O(aq) \rightleftharpoons Zn(OH)^+(aq) + H^+(aq) \quad (K_h \approx 10^{-10})$$

$$PO_4^{3-}(aq) + H_2O(aq) \rightleftharpoons HPO_4^{2-}(aq) + OH^-(aq) \quad (K_{h1} \approx 10^{-1})$$

$$HPO_4^{2-}(aq) + H_2O(aq) \rightleftharpoons H_2PO_4^-(aq) + OH^-(aq) \quad (K_{h2} \approx 10^{-6})$$

$$H_2PO_4^-(aq) + H_2O(aq) \rightleftharpoons H_3PO_4(aq) + OH^-(aq) \quad (K_{h3} \approx 10^{-11})$$

由于磷化液的 pH 在 2 左右，Zn^{2+} 的水解可以忽略。但磷酸根离子的水解比较显著，磷化液中 PO_4^{3-} 的浓度极小。即：

$$C(Zn^{2+}) \gg C(H^+) \approx C(H_2PO_4^-) > C(HPO_4^{2-}) \gg C(PO_4^{3-})$$

2. 磷化时钢铁表面同时发生的两类化学反应

（1）氧化还原：

$$Fe + 2H^+(aq) = Fe^{2+}(aq) + H_2(g)$$

$$3Fe + 2NO_3^-(aq) + 8H^+(aq) = 3Fe^{2+}(aq) + 2NO(g) + 4H_2O$$

$$3H_2(g) + 2NO_3^-(aq) + 2H^+(aq) = 2NO(g) + 4H_2O$$

（2）沉淀反应：

$$Fe^{2+}(aq) + HPO_4^{2-}(aq) \rightleftharpoons FeHPO_4(s)$$

$$3Zn^{2+}(aq) + 2PO_4^{3-}(aq) \rightleftharpoons Zn_3(PO_4)_2(s)$$

伴随氧化还原反应的进行，在相界面处 H^+ 的浓度下降，pH 升高；Fe^{2+} 的浓度逐渐增大，当 $C(Fe^{2+}) \cdot C(HPO_4^{2-}) \geqslant K_{sp}(FeHPO_4)$ 和 $[C(Zn^{2+})]^3 \cdot [C(PO_4^{3-})]^2 \geqslant K_{sp}[Zn_3(PO_4)_2]$ 时，钢铁表面上将发生沉淀反应，早期生成的磷化膜的铁含量高，小的磷酸盐晶粒是磷酸锌盐沉淀的基础，磷化膜的主要成分是 $FeHPO_4$ 和 $Zn_3(PO_4)_2$。

3. 磷化继续进行时磷化液中还会发生的反应

$$Fe[(H_2O)_6]^{2+}(aq) + NO(g) = [Fe(NO)(H_2O)_5]^{2+}(aq) + H_2O$$

$$3Fe^{2+}(aq) + NO_3^-(aq) + 4H^+(aq) = 3Fe^{3+}(aq) + NO(g) + 2H_2O$$

$$Fe^{3+}(aq) + PO_4^{3-}(aq) = FePO_4(s)（白色）$$

因此，可以看到磷化液由无色透明渐渐变成浅棕色，继而溶液混浊并产生白色沉淀。

4. 影响磷化质量及其表面状态的因素

磷化温度和时间，以及磷化液中杂质离子的含量对磷化质量和表面状态均有影响，这些因素之间是相互制约的，分析问题时应全面考虑。磷化液配方和工艺条件的确定，可通过正交试验方法进行优选。

三、仪器及药品

（1）烧杯（100 mL）、量筒（100 mL）、恒温槽、秒表。

（2）碳素钢片（85 mm×25 mm×0.80 mm）、ZnO（99.5%）、HNO_3（45%）、H_3PO_4 溶液、$CuSO_4$ 溶液（1.0 mol/L）、NaCl 溶液（0.1 mol/L）和 HCl 溶液（20 mL，10%）、酸性 pH 试纸。

（3）硫酸铜点滴试液的组成：40 mL $CuSO_4$ 溶液（1.0 mol/L）加 0.8 mL NaCl 溶液（0.1 mol/L）和 20 mL HCl 溶液（10%）。

四、实验步骤

1. 试片的预处理

试片为 85 mm×25 mm×0.80 mm 普通碳素钢片。经除油、酸洗和水洗后放在清水中备用（时间不宜过长，否则生锈），操作时用镊子夹取试片。

2. 磷化液的配制

称取 4.0 g ZnO（99.5%）放入 100 mL 的烧杯中，加 10 mL 自来水润透，用玻璃棒搅成糊状。将烧杯放在石棉网上，加入 8.5 mL HNO_3（45%）和 1.8 mL H_3PO_4，边加边搅拌，使固体基本溶解。将溶液倒入 100 mL 量筒中，加水稀释至 100 mL，配成磷化液。

3. 试片的磷化

把磷化液倒入烧杯中，搅拌均匀，用 pH 试纸测酸度（pH≈2）。将烧杯在恒温槽中加热至（50±1）℃，取一试片浸在磷化液中，并计时，5 min 时取出，用水冲掉表面上的磷化液，将试片放在支架上自然干燥（15 min 左右）。若磷化膜外观呈银灰色，连续、均匀、无锈迹，说明磷化效果较好。（可重复磷化 3～5 遍）

4. 磷化膜耐蚀性的检验

选择已干燥的磷化好的试片，滴 1 滴硫酸铜试液于磷化膜上，记录该处出现红棕色的时间。若接近或超过 1 min 为合格。

五、思考题

（1）为什么每次磷化前都要保证钢片干燥？

（2）耐蚀性检验时产生的红棕色是什么？

实验四　从废定影液中回收银
（设计实验）

一、实验目的

（1）了解废定影液的形成过程及组成成分的分析。
（2）掌握废定影液回收利用的一般设计方法。
（3）掌握从废定影液中制备硝酸银的工艺过程。

二、实验原理

银是 IB 族元素，又属贵金属。由于银的物理性质及化学性质，其被大量用于制造钱币、银器和装饰品，还用于制备牙科合金、照相底板和化学镀银（如热水瓶胆和制镜）。银是所有金属中导电率最高的，故在导电率要求极高的场合用银作触点。银的价格昂贵，当前从含银废料中回收银的工作十分活跃。

随着科学技术的发展、文化生活水平的提高，照相技术得到很大的发展和普及，影视行业所消耗的银也大大地增加。故近年来从影视、照相行业的废液中回收银受到极大的重视，并取得了良好的经济效益。

照相技术中的基本化学现象如下：

照相底片是在醋酸纤维薄片上涂覆一层由微细的卤化银晶体（分散在明胶中的胶态悬浮液）而制成的。把底片曝光，即把一种物像聚焦在覆盖有光敏性照相乳胶的底片上，乳胶中的卤化银被光活化，以致它们比曝光前更容易被还原。曝光后的底片放在有机还原剂中还原显影；还原剂使底片上的卤化银还原成金属银。

$$AgX + e^- \longrightarrow Ag + X^-$$

其还原速率与感光强度成正比。显影后，用硫代硫酸钠（海波）溶液处理底片，把未还原的卤化银溶解来"固定"底片影相，溶解反应如下：

$$2AgX + 2S_2O_3^{2-} \longrightarrow [Ag_2(S_2O_3)_3]^{2-} + 2X^-$$

AgX 溶入定影液中，故可从废定影液中回收银。

本实验的目的是从废定影液中制取硝酸银，以回收银（实际工作中从废定影液中回收银可以制得不同的含银的产品）。所制得的 AgNO$_3$ 要符合工业级的硝酸银，其规格见表 4-1。

表 4-1 硝酸银工业级标准

成 本	硝酸银	水不溶物	SO$_4^{2-}$	Cu^{2+}、Bi^{3+}、Pb^{2+}、Fe^{3+}
含量/%	≥99.5	≤0.001	≤0.005	≤0.05

三、原料的成分（废定影液的大致成分）

$C(S_2O_3^{2-})$0.1 mol/L、$C(Ag^+)$0.05 mol/L、$C(Na_2SO_4)$0.01 mol/L、醋酸、硼酸、钾矾等。

四、实验方案设计提示

在废定影液中银主要是与 $S_2O_3^{2-}$ 形成配位离子，故首先要将 Ag^+ 与 $S_2O_3^{2-}$ 分离，分离的方法可用沉淀法（如卤化银、硫化银沉淀等），也可用单质置换法等。

各种方法中最简单的、副反应最少的是置换法。可考虑用 Zn 粉置换，置换出的 Ag 与过量的 Zn 粉混在一起，可利用 Ag 与 Zn 的性质差别使 Zn 溶解，而 Ag 不溶。所得的 Ag 用硝酸溶解得硝酸银溶液，最后结晶制成工业级硝酸银。

五、实验内容及要求

（1）设计由废定影液回收银，制取工业级硝酸银的详细实验步骤。
（2）取废定影液，按设计的详细实验步骤进行实验。
（3）测定自制硝酸银的银含量。
（4）提交完整的实验设计方案及做好实验结果分析。

六、思考题

（1）若采用硫化银沉淀法提取银，为什么要调节定影液呈碱性？
（2）制备硝酸银时，是否要控制蒸发速度？为什么？

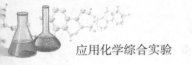

实验五　微波辐射法制备 $Na_2S_2O_3 \cdot 5H_2O$

一、实验目的

（1）了解用微波辐射法制备 $Na_2S_2O_3 \cdot 5H_2O$ 的方法。

（2）掌握 $S_2O_3^{2-}$ 的定性鉴定和 $Na_2S_2O_3 \cdot 5H_2O$ 的定量测定方法。

二、实验原理

1. 微波辐射与 $Na_2S_2O_3 \cdot 5H_2O$ 的制备

微波属于电磁波的一种，频率介于 TV 波与红外辐射之间。微波作为能源被广泛用于工业、农业、医疗和化工等方面。微波对物质的加热不同于常规电炉加热。相对而言，常规加热速度慢、能量利用率低；微波加热物质时，物质吸收能量的多寡由物质自己的状态决定，微波作用的物质必须具有较高的电偶极矩或磁偶极矩，微波辐射使极性分子高速旋转，分子间不断碰撞和摩擦而产生热，这种命名为"内加热方式"的微波加热，能量利用率高，加热迅速，均匀，而且可防止物质在加热过程中分解变质。

1986 年，Gedye 发现微波可以显著加快有机化合物的合成，微波加热对氧化、水解、开环、烷基化、羟醛缩合、催化氢化等反应有明显效果，此后微波技术在化学中的应用日益受到重视。1988 年，Baghurst 首次采用微波技术合成了 KVO_3、$BaWO_4$、$Yba_2Cu_2O_{7-x}$ 等无机化合物。微波辐射有三个特点：①在大量离子存在时能快速加热；②快速达到反应温度；③起着分子水平意义上的搅拌作用。

$Na_2S_2O_3 \cdot 5H_2O$ 俗称"海波"，又名"大苏打"，是无色透明单斜晶体。易溶于水，不溶于乙醇，具有较强的还原性和配位能力，用作照相技术中的定影剂、棉织物漂白后的脱氯剂、定量分析中的还原剂。

$Na_2S_2O_3 \cdot 5H_2O$ 制备方法有多种，其中亚硫酸钠法是工业和实验中的主要制备方法：

$$Na_2SO_3 + S + 5H_2O \xrightarrow{\text{煮沸或微波辐射}} Na_2S_2O_3 \cdot 5H_2O$$

反应液经过滤、浓缩结晶、过滤、干燥即得产品。

2. 测定产品中 $Na_2S_2O_3 \cdot 5H_2O$ 的含量

用碘量法。其反应方程式为：

$$I_2 + 2S_2O_3^{2-} (aq) = 2I^- (aq) + S_4O_6^{2-} (aq)$$

该反应必须在中性或弱酸性中进行，通常选用 $HAc - NH_4Ac$ 缓冲溶液，使 $pH = 6$。产品中含有未反应完全的 Na_2SO_3 要消耗 I_2，造成分析误差，因此滴定前应加入甲醛，排除 SO_3^{2-} 的干扰。

三、仪器、药品及材料

1. 仪器

微波炉、台秤、电子天平、烧杯（250 mL）、表面皿、漏斗、漏斗架、量筒（10 mL、50 mL）、锥形瓶（250 mL）、滴定管（25 mL）。

2. 药品及材料

Na_2SO_3（s）、硫粉、$AgNO_3$（0.1 mol/L）、淀粉溶液（1%）、$HAc - NH_4Ac$ 缓冲溶液（pH = 6）、I_2 标准溶液（约 0.025 mol/L）、甲醛（AR）。

四、实验内容及要求

（1）以 Na_2SO_3 和 S 粉为原料，用微波炉制备 10 g $Na_2S_2O_3 \cdot 5H_2O$。

（2）计算原料用量。

（3）设计出合理的制备方案。

（4）计算产率。

（5）定性鉴定 $S_2O_3^{2-}$。

（6）定量测定产品中 $Na_2S_2O_3 \cdot 5H_2O$ 的含量。

（7）提交书面报告。

五、思考题

（1）定性鉴定 $Na_2S_2O_3$ 的反应原理是什么？写出反应方程式。

（2）$Na_2S_2O_3$ 作为照相术中的定影剂，原理是什么？写出反应方程式。

（3）用标准碘溶液滴定硫代硫酸钠时 pH 应在 6 左右，过量酸或碱将会产生什么反应？加入甲醛目的何在？

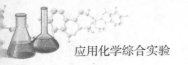

实验六　废烂板液的综合利用（硫酸铜的制备）

一、实验目的

（1）了解废烂板液的形成原理、组成成分的分析方法。
（2）掌握废物利用的一般设计方法。
（3）了解从废烂板液中回收铜的最佳方法。
（4）了解从铜制备铜盐的原理和方法。

二、实验原理

用于印刷电路的腐蚀液又称烂板液，通常为三氯化铁、盐酸与过氧化氢的混合液。腐蚀印刷电路的废铜板时发生反应如下：

$$Cu + 2FeCl_3 \xrightarrow{40\sim60\ ℃} 2FeCl_2 + CuCl_2$$

$$Cu + H_2O_2 + 2HCl = 2H_2O + CuCl_2$$

腐蚀后的废烂板液中含有大量铜的化合物，主要有 $FeCl_2$ 与 $CuCl_2$。回收铜的简单方法是加入铁，发生铁置换铜反应形成金属铜，分离后制得铜，Cu 在高温炉中灼烧成 CuO，用 H_2SO_4 溶解制取试剂 $CuSO_4 \cdot 5H_2O$。设计废烂板液综合利用方案，首先要测定废烂板液中铜及铁的含量，以便计算回收率及估算回收时需加入各种试剂的量。

废烂板液主要组成为 $CuCl_2$、$FeCl_2$ 与过剩的 $FeCl_3$，因此，加入铁粉发生如下反应：

$$CuCl_2 + Fe = Cu + FeCl_2$$

$$2FeCl_3 + Fe = 3FeCl_2$$

经分离得到金属铜。

$CuSO_4 \cdot 5H_2O$ 俗名胆矾或蓝矾，可溶于水和氨水，用作纺织品的媒染剂、农业杀虫剂、水的杀菌剂及镀铜剂等。$CuSO_4 \cdot 5H_2O$ 可由铜或氧化铜、硫酸等原料制成。若用铜与硫酸制备硫酸铜，由于铜不能置换硫酸中的氢生成硫酸铜，所以首先要将铜氧化，然后与硫酸作用而得。工业上采用高温煅烧，利用空气中的氧将铜氧化成氧化铜，实验室也可用高温炉煅烧或用硫酸、硝酸氧化，反应如下：

$$Cu + 2HNO_3 + H_2SO_4 = CuSO_4 + 2NO_2\uparrow + 2H_2O$$

反应中形成少量的硝酸铜可在 $CuSO_4$ 重结晶时留在母液中。

硫酸铜在不同温度、酸度时结晶得到不同的水合晶体，水合晶体又可以相互转变：

$$CuSO_4\cdot 5H_2O \xrightarrow[-2H_2O]{102℃} CuSO_4\cdot 3H_2O \xrightarrow[-2H_2O]{113℃} CuSO_4\cdot H_2O$$

$$\xrightarrow[-H_2O]{258℃} CuSO_4$$

铜粉 $\xrightarrow{\text{5 g于蒸发皿中，加6 mol/LH}_2\text{SO}_4\text{+浓HNO}_3\text{，H}_2\text{O加热}}$ 溶解 $\longrightarrow$

过滤 $\nearrow$ 滤渣（不溶性杂质）

$\searrow$ 滤液 $\xrightarrow{\text{蒸发、冷却、结晶}}$ $CuSO_4\cdot 5H_2O$

三、试剂与器材

1. 仪器

烧杯、抽滤机、酒精灯、蒸发皿、比色管、滴定装置、台秤、电子天平、常压过滤装置。

2. 药品

废烂板液、铁粉、H_2SO_4（6 mol/L、1 mol/L）、浓硝酸、KSCN、氨水（1∶1及2 mol/L）、HCl（6 mol/L、2 mol/L）、H_2O_2（8%）、NH_4F、碘量法测定铜离子所需药品，$CuSO_4\cdot 5H_2O$ 的 GR、AR、CP 标准色列溶液。

四、实验内容

1. 废烂板液组成测定

铜含量测定：铜离子可用碘量法测定，铁离子干扰可用配合掩蔽，亦可用配位滴定法测定。（可参阅分析化学自行设计）

2. 铜的回收

（1）取三氯化铁废腐蚀液（废烂板液）100 mL 于烧杯中，溶液一般为绿色或棕色，无浑浊，若有浑浊可滴加 6 mol/L HCl 约 1 mL 至溶液澄清。

（2）加铁粉 5～6 g 于溶液中，并不断搅拌，直至铜全部置换及 Fe^{3+} 被还原为 Fe^{2+} 为止，溶液呈透明的绿色。

15

（3）抽滤，滤渣（铜粉混有少量杂质）移至烧杯中，20 mL 加水及 2 mL 6 mol/L HCl 浸泡，以除去多余的铁粉（沉渣应无黑色，无气泡放出），抽滤水洗并尽量吸干，称量（湿重）后，盛于干净的试管中，留作制备用。

（4）结果。制备所得：铜粉 = _____ g；回收率 _____。

3. $CuSO_4 \cdot 5H_2O$ 的制备

（1）在台秤上称取回收铜粉 5 g 置于蒸发皿。

（2）计算溶解所称铜样需要 6 mol/L 硫酸、浓硝酸的体积。

（3）取按计算量增加 10% 的 6 mol/L 硫酸及浓硝酸，少量的水加至铜样中，于通风柜内加热溶解，并不断搅拌，视蒸发及溶解情况，可加水和酸，以补充蒸发的损失。

（4）待铜全部溶解后，若有不溶性杂质，趁热过滤除去，滤液用干净烧杯盛接。

（5）滤液倒回蒸发皿中，用小火加热蒸发至液面有微晶出现（边缘有小晶粒出现）为止（控制溶液不沸腾）。

（6）冷水冷却，待结晶全部析出。

（7）用倾泻法除去母液，晶体用一张滤纸吸干，经真空干燥后称量。

（8）将已知质量的蒸发皿及硫酸铜晶体加热使之全部失去结晶水（蓝色硫酸铜晶体全部变白），在置于干燥器中冷却至室温后，称量，计算硫酸铜晶体中结晶水的含量。回收测定后的五水硫酸铜。

（9）硫酸铜纯度检查。将 1 g 精制结晶硫酸铜放入 100 mL 小烧杯中，用 10 mL 纯水溶解，加入 1 mL 1 mol/L 硫酸酸化，然后加入 2 mL 8% H_2O_2，煮沸片刻，使其中 Fe^{2+} 氧化成 Fe^{3+}。待溶液冷却后，在搅拌下滴加 1∶1 氨水，直至最初生成的蓝色沉淀完全溶解，溶液呈深蓝色为止。此时 Fe^{3+} 成为 $Fe(OH)_3$ 沉淀，而 Cu^{2+} 则成为配位离子。将此溶液分 4～5 次加到漏斗上过滤，然后用滴管以 2 mol/L 氨水洗涤沉淀，直至蓝色洗去为止。以少量纯水冲洗，此时 $Fe(OH)_3$ 黄色沉淀留在滤纸上，用滴管将 3 mL 2 mol/L HCl 滴在滤纸上，溶解 $Fe(OH)_3$，以纯水稀释至刻度，摇匀。与标准色列相比较颜色深浅，确定产品等级。

试剂 $CuSO_4 \cdot 5H_2O$ 杂质最高含量规定（GB 665 – 78）见表 6 – 1。

表 6 – 1　硫酸铜质量标准

等　级	GR 级	AR 级	CP 级
铁/%	0.001	0.003	0.02

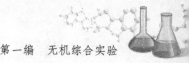

（10）结果。①$CuSO_4 \cdot 5H_2O$ _____g；②回收率_____%；③结晶水含量（实验值）_____g。

五、实验思考题

（1）怎样选择烂板液中铜、铁含量的测定方法？不同方法有何利弊？请比较。

（2）烂板液回收铜、铁的过程，利用了哪些化学性质？写出有关化学方程式，并说明原理。

（3）如何在试验中提高铜的回收率？

（4）要提高产品的纯度，本实验应注意什么问题？用什么方法？

实验七　废烂板液的综合利用（二氯化铁的制备）

一、实验目的

（1）了解废烂板液形成原理、组成成分的分析。

（2）掌握废物利用的一般设计方法。

（3）了解从废烂板液中回收二氯化铁的方法及制备四水二氯化铁的原理和方法。

二、实验原理

用于印刷电路的腐蚀液又称烂板液，通常是三氯化铁、盐酸与过氧化氢的混合液。腐蚀印刷电路的废铜板时发生反应如下：

$$Cu + 2FeCl_3 \xrightarrow{40 \sim 60\ ℃} 2FeCl_2 + CuCl_2$$

$$Cu + H_2O_2 + 2HCl = 2H_2O + CuCl_2$$

废烂板液中，主要组成为 $FeCl_2$、$CuCl_2$ 与过剩的 $FeCl_3$，因此，加入铁粉发生如下反应：

$$CuCl_2 + Fe = Cu + FeCl_2$$

$$2FeCl_3 + Fe = 3FeCl_2$$

经分离取得金属铜，溶液经蒸发结晶为 $FeCl_2 \cdot 4H_2O$。氯化亚铁通常制

成4种化合物，它的不同水合物转化温度如下：

$$FeCl_2 \cdot 2H_2O \xrightarrow{76.5\ ℃} FeCl_2 \cdot 4H_2O \xrightarrow{123\ ℃} FeCl_2 \cdot 6HO$$

设计废烂板液综合利用方案，首先测定废烂板液中铜及铁的含量，以便计算回收率及估算回收时需加入各种试剂的量。工艺流程见图7-1。

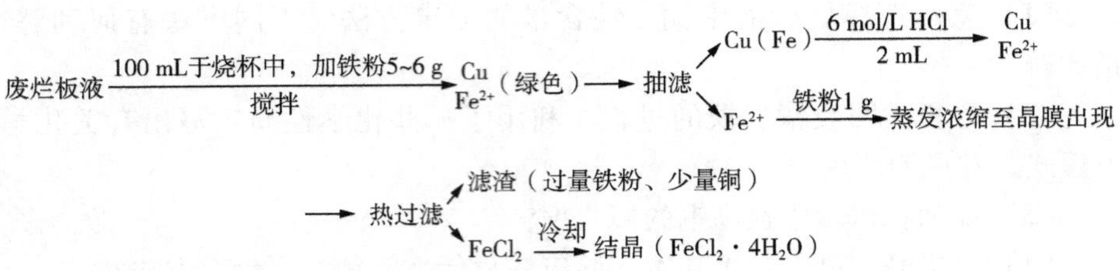

废烂板液 $\xrightarrow[搅拌]{100\ mL于烧杯中，加铁粉5\sim6\ g}$ $\begin{array}{c}Cu（绿色）\\ Fe^{2+}\end{array}$ → 抽滤 $\begin{array}{c} Cu（Fe）\xrightarrow[2\ mL]{6\ mol/L\ HCl}\begin{array}{c}Cu\\Fe^{2+}\end{array} \\ \\ Fe^{2+}\xrightarrow{铁粉1\ g} 蒸发浓缩至晶膜出现\end{array}$

$\longrightarrow$ 热过滤 $\begin{array}{c}滤渣（过量铁粉、少量铜）\\ \\ FeCl_2 \xrightarrow{冷却} 结晶（FeCl_2 \cdot 4H_2O）\end{array}$

图7-1 工艺流程

三、实验药品

废烂板液、铁粉、1 mol/L KSCN、6 mol/L HCl、1 mol/L HCl、NH_4F、$KMnO_4$。

四、实验内容

1. 废烂板液铁含量测定

可用 $KMnO_4$ 滴定法测定，亦可用配合滴定法，可参阅分析化学教科书自行设计。在废烂板液中 $FeCl_3$ 浓度为 $2.0 \sim 2.5$ mol/L，$FeCl_2$ 浓度为 $1.0 \sim 1.3$ mol/L。

2. 氯化亚铁回收

（1）取三氯化铁废腐蚀液（废烂板液）100 mL 于烧杯中，溶液一般为绿色或棕色，无浑浊，若有浑浊可滴加约 1 mL 6 mol/L HCl 至溶液澄清。

（2）加铁粉 5～6 g 于溶液中，并不断搅拌，直至铜全部置换及 Fe^{3+} 被还原为 Fe^{2+} 为止，溶液呈透明的绿色。

（3）抽滤，滤渣（铜粉混有少量杂质）移至烧杯中，20 mL 加水及 2 mL 6 mol/L HCl 浸泡，以除去多余的铁粉，滤液移至蒸发皿，加铁粉 1 g，加热、蒸发、浓缩，直至液面出现少许晶膜为止。迅速趁热抽滤，溶液移入

18

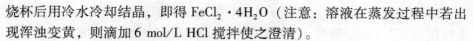

烧杯后用冷水冷却结晶,即得 $FeCl_2 \cdot 4H_2O$(注意:溶液在蒸发过程中若出现浑浊变黄,则滴加 6 mol/L HCl 搅拌使之澄清)。

(4) $FeCl_2 \cdot 4H_2O$ 结晶后,倾出母液,晶体用一张滤纸吸干,称量后,盛于干净的试管中密封,留作制备 $FeCl_3$ 用(母液同时保留用于 $FeCl_3$ 的制备)。

(5) 产品纯度检查(Fe^{3+} 含量测定)。取少量(一小粒)自制 $FeCl_2 \cdot 4H_2O$ 结晶(约 1 g)于 10 mL 小烧杯中,加 10 mL 蒸馏水溶解,转移至 50 mL 比色管中,加入 1 mol/L HCl 5 滴,加 1 mol/L KSCN 2 滴,用蒸馏水稀释至刻度,与标准液比较。$Fe^{3+}\% < 0.001\%$ 为一级品(GR),$Fe^{3+}\% < 0.005\%$ 为二级品(AR),$Fe^{3+}\% < 0.02\%$ 为三级品(CR)。

五、实验结果

$\rho(Fe^{2+}) = $ _____ mol/L,$m(FeCl_2 \cdot 4H_2O) = $ _____ g,$FeCl_2 \cdot 4H_2O$ 纯度 _____ 级。

六、思考题

(1) 烂板液回收铁的过程利用了哪些化学性质?写出有关化学方程式。
(2) $FeCl_2 \cdot 4H_2O$ 纯度检查不合格则应怎样处理才能提高纯度?

实验八　三草酸合铁(Ⅲ)酸钾的制备及组成分析

一、实验目的

(1) 了解配合物制备的一般方法。
(2) 综合无机合成、红外光谱仪、滴定分析的基本操作,掌握确定配合物组成的原理和方法。

二、实验原理

三草酸合铁(Ⅲ)酸钾 $K_3[Fe(C_2O_4)_3] \cdot 3H_2O$(相对分子质量491.2)

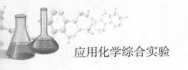

为翠绿色单斜晶系晶体，易溶于水（0 ℃时，溶解度为 4.7 g；100 ℃时，溶解度为 117.7 g），难溶于有机溶剂。本实验由三氯化铁和草酸钾反应制备三草酸合铁（Ⅲ）酸钾配合物。

要确定所制得配合物的组成，必须综合运用各种方法。

配合物中的金属离子一般可通过容量滴定、比色分析或原子吸收光谱确定其含量。配合物中的铁含量可选用磺基水杨酸比色法、高锰酸钾滴定法以及原子吸收分光光度法来确定；钾含量可采用原子吸收分光光度法、离子选择电极法来测定，本实验由配合物中 H_2O、$C_2O_4^{2-}$、Fe^{3+} 的含量计算出钾的含量。

配合物中所含的结晶水和草酸根可通过红外光谱做定性鉴定，并用热重分析法定量测定结晶水和草酸根的含量。此外，草酸根的含量还可由高锰酸钾滴定法测定。

三、仪器与试剂

1. 仪器

烧杯、量筒等常用玻璃仪器、酸式滴定管、容量瓶（100 mL 8 个、500 mL 1 个）、吸量管（10 mL，20 mL 各 1 支）、红外光谱仪、精密电子天平。

2. 试剂

草酸钾（$K_2C_2O_4 \cdot H_2O$）（CP）、三氯化铁（$FeCl_3$）（CP）、6 mol/L 氨水（CP）、草酸（AR）、95% 乙醇、高锰酸钾（CP）、3 mol/L H_2SO_4（CP）、6 mol/L 盐酸（CP）、锌粉（AR）、25% 磺基水杨酸（CP）、1 mg/mL Fe^{3+} 标准溶液。

四、实验步骤

1. 三草酸合铁（Ⅲ）酸钾的制备

称取 12 g 草酸钾放入 100 mL 烧杯中，注入 20 mL 去离子水并加热，使草酸钾全部溶解。在溶液近沸腾时边搅动边注入 8 mL 0.4 g/mL 三氯化铁溶液，然后将反应液用冰水浴冷却，即有翠绿色晶体析出，用布氏漏斗过滤得粗产品。

将粗产品溶解在约 20 mL 热水中，趁热过滤，将滤液在冰水浴中冷却，待结晶完全（约 1 h）后抽滤，将晶体先用少量冰水洗涤，后用 95% 乙醇

洗，尽量用滤纸吸干，室温下避光晾干后，称重，计算产率。

2. 配合物的红外光谱测定

KBr 压片法测定合配合物的 IR（红外）谱图并加以分析，判断配合物中草酸根是否存在和是否含有结晶水。

3. 配合物中草酸根含量的测定——$KMnO_4$ 滴定法测定

准确称取 0.5 g 样品 2 份，分别放入 250 mL 锥形瓶中，加入 30 mL 蒸馏水和 10 mL 3 mol/L H_2SO_4，加热至 75～85 ℃，趁热用浓度为 0.01 mol/L 左右的 $KMnO_4$ 标准溶液进行滴定，开始时滴定反应速度很慢，待溶液中产生 Mn^{2+} 后反应速度加快，但滴定时仍必须是逐滴加入 $KMnO_4$ 溶液。小心滴定至溶液呈微红色，30 s 内不褪色即为终点。

根据每份滴定中样品的质量和用去的 $KMnO_4$ 标准溶液的体积，计算产物中的 $C_2O_4^{2-}$ 含量。滴定后的 2 份溶液保留，用于铁含量的测定。

4. 配合物中铁含量的测定——$KMnO_4$ 滴定法测定

将 1 g 锌粉加入到上述用 $KMnO_4$ 溶液滴定过的溶液中，加热 2～3 min，使 Fe^{3+} 离子全部还原为 Fe^{2+} 离子。减压抽滤除去多余的锌粉，用温水洗涤沉淀 2 次，合并滤液于 250 mL 锥形瓶中，补加 2 mL 的 3 mol/L H_2SO_4，用 $KMnO_4$ 标准溶液滴定至试液呈微红色在 30 s 内不消失，记下消耗 $KMnO_4$ 溶液的体积，计算产物中的铁离子含量。

$$5Fe^{2+}(aq) + MnO_4^-(aq) + 8H^+(aq) = Mn^{2+}(aq) + 5Fe^{3+}(aq) + 4H_2O$$

按同样方法，平行滴定另一份测完草酸根含量的溶液。

五、思考题

$KMnO_4$ 滴法测定时要加热又不能使温度太高（75～85 ℃），为什么？

实验九　四氧化三铅组成分析及测定

一、实验目的

（1）测定 Pb_3O_4 的组成。进一步练习碘量法操作。

（2）学习用 EDTA 测定溶液中的金属离子。

二、实验原理

Pb_3O_4 为红色粉末状固体，俗称铅丹或红丹。该物质为混合价态氧化物，其化学式可以写成 $2PbO \cdot PbO_2$，即式中氧化数为 +2 价的 Pb 占 2/3，氧化数为 +4 价的 Pb 占 1/3。但根据其结构，Pb_3O_4 应为铅酸盐 Pb_2PbO_4。

Pb_3O_4 与 HNO_3 反应时，由于 PbO_2 的生成，固体的颜色很快从红色变为棕黑色：

$$Pb_3O_4(s) + 4HNO_3(aq) = PbO_2(s) + 2Pb(NO_3)_2(aq) + 2H_2O$$

很多金属离子能与多齿配体 EDTA 以 1:1 的比例生成稳定的螯合物，以 +2 价金属离子 M^{2+} 为例，其反应如下：

$$M^{2+}(aq) + EDTA^{4-}(aq) = MEDTA^{2-}(aq)$$

因此，只要控制溶液的 pH，选用适当的指示剂，就可用 EDTA 标准溶液对溶液中的特定金属离子进行定量测定。本实验中 Pb_3O_4 经 HNO_3 作用分解后生成的 Pb^{2+}，可用六亚甲基四胺控制溶液的 pH 为 5~6，以二甲酚橙为指示剂，用 EDTA 标准液进行测定。

PbO_2 是种很强的氧化剂，在酸性溶液中，它能定量地氧化溶液中的 I^-：

$$PbO_2(s) + 4I^-(aq) + 4HAc(aq) = PbI_2(s) + I_2(s) + 2H_2O + 4Ac^-(aq)$$

从而可用碘量法来测定所生成的 PbO_2。

三、实验仪器和药品

1. 仪器

分析天平、台秤、称量瓶、干燥器、量筒（10 mL、100 mL）、烧杯（50 mL）、锥形瓶（250 mL）、吸滤瓶、布氏漏斗、酸式滴定管（50 mL）、碱式滴定管（50 mL）、洗瓶、水泵。

2. 药品与材料

HNO_3（6 mol/L）、EDTA 标准溶液（0.01 mol/L）、$KMnO_4$ 标准溶液（0.01 mol/L）、NaAc - HAc（1:1）混合液、$NH_3 \cdot H_2O$、六亚甲基四胺（20%）、淀粉（2%）、四氧化三铅（AR）、二甲酚橙指示剂碘化钾（AR）、滤纸、pH 试纸。

四、实验内容

1. Pb₃O₄ 的分解

用差量法准确称取干燥的 Pb_3O_4 0.5 g，把它置于 50 mL 的小烧杯中，同时加入 2 mL 6 mol/L HNO_3 溶液，用玻璃棒搅拌，使之充分反应，可以看到红色的 Pb_3O_4 很快变成棕黑色的 PbO_2，接着过滤将反应产物进行固液分离，用蒸馏水少量多次地洗涤固体，保留滤液及固体供下面实验用。

2. PbO 含量的测定

把上述滤液全部转入锥形瓶中，往其中加入 4～6 滴二甲酚橙指示剂，并逐滴加入 1∶1 的氨水，至溶液由黄色变为橙色，再加入 20% 的六甲基四胺至溶液呈稳定的紫红色（或橙红色），再过量 5 mL，此时溶液的 pH 为 5～6。然后以 EDTA 标准液滴定溶液由紫红色变为亮黄色时，即为终点，记下所消耗的 EDTA 溶液的体积。

3. PbO₂ 含量的测定

将上述固体 PbO_2 连同滤纸一并置于另一只锥形瓶中，往其中加入 30 mL HAc 与 NaAc 混合液，再向其中加入 0.8 g 固体 KI，摇动锥形瓶，使 PbO_2 全部反应而溶解，此时溶液呈透明棕色。以 $Na_2S_2O_3$ 标准溶液滴定至溶液呈淡黄色时，加入 1 mL 2% 淀粉液，继续滴定至溶液蓝色刚好褪去为止，记下所用去的 $Na_2S_2O_3$ 溶液的体积。

4. 结果

计算出试样中二价铅与四价铅摩尔比，以及 Pb_3O_4 在试样中的含量。实验要求，二价铅与四价铅摩尔比为（2±0.05），Pb_3O_4 在试样中的含量应大于或等于95%方为合格。

五、思考题

（1）从实验结果，分析产生误差的原因。

（2）能否加其他酸如 H_2SO_4 或 HCl 溶液使 Pb_3O_4 分解？为什么？

（3）PbO_2 氧化 I^- 须在酸性介质中进行，能否加 HNO_3 或 HCl 溶液以替代 HAc？为什么？

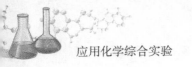

实验十　废旧干电池的回收与利用

一、实验目的

（1）了解干电池的结构与化学组成。

（2）增强环保意识。

（3）掌握废干电池回收的基本方法和反应机理。

二、实验原理

（1）锌锰干电池中发生的化学反应主要为：

$$Zn + 2NH_4Cl + 2MnO_2 = Zn(NH_3)_2Cl_2 + 2MnO(OH)$$

（2）通过回收的方法初步可以获得：石墨棒、锌片、MnO_2 等。

（3）通过净化、提纯及转化的方法制成实验室常用的药品、试剂（MnO_2 固体、NH_4Cl 晶体、$ZnSO_4 \cdot 7H_2O$ 晶体、$ZnS \cdot BaSO_4$ 锌钡白）。

其中反应方程式为：

$$Zn + H_2SO_4(aq) = ZnSO_4(aq) + H_2 \uparrow$$
$$ZnSO_4(aq) + 7H_2O(aq) = ZnSO_4 \cdot 7H_2O(s)$$
$$2KClO_3(s) = 2KCl(s) + 3O_2 \uparrow$$
$$BaCl_2(aq) + Na_2S(aq) = BaS(s) + 2NaCl(aq)$$
$$BaS(s) + ZnSO_4(aq) = ZnS \cdot BaSO_4 \downarrow$$

三、实验仪器和药品

1. 实验仪器

小钢锯、镊子、剪刀、电子天平、表面皿、烧杯（50 mL、100 mL）、减压过滤装置、量筒、玻璃棒、蒸发皿、坩埚、大试管、铁架台、试管塞（带导管）、漏斗、漏斗架、三脚架、石棉网、煤气灯。

2. 实验药品

蒸馏水、固体氯酸钾、硫酸溶液（3 mol/L）、$BaCl_2$（0.5 mol/L）溶液、Na_2S（0.5 mol/L）溶液、广泛 pH 试纸、$(NH_4)_2CO_3$（2 mol/L）、HCl

（2 mol/L）、滤纸（大、小两种）、废旧锌锰干电池两节。

四、实验步骤及现象

（1）用小钢锯锯开电池的锌皮，取下塑料垫圈与铁帽。将锌皮用镊子、剪刀取下，将黑色混合物收集到小烧杯中，称重。再分离出沥青和石墨棒，洗净后分别称重。

（2）向黑色混合物中加水约 24 mL，搅拌使之混合均匀，静置 2 ～ 3 min 后常压过滤，得到糊状黑色物质和无色滤液。滤液静置待第（4）步使用。

（3）将黑色物质放入坩埚中烘炒 7 ～ 8 min，当其呈砖红色且无烟产生时停止。加入少量固体 $KClO_3$ 及产物于大试管（带试管塞）中，加热以检验产物纯度。当其不能使带火星的木条复燃时即可。用蒸馏水浸泡产物，常压过滤后烘干，称重。

（4）在通风橱中检验无色滤液的 pH，逐滴加入 $(NH_4)_2CO_3$ 溶液，反应剧烈并产生大量气泡（反应需在通风橱中进行，因为溶液中有汞类化合物）。待无气泡产生时停止滴加，迅速加入 2 ～ 3 mL 盐酸。用氨水调节溶液pH 至微碱性，小火蒸发浓缩结晶，称重产物。

（5）在通风橱中将锌片放入 3 mol/L 硫酸中浸泡以除去氧化层，3 ～ 5 min后取出干燥，称重。将锌片剪碎后放入 50 mL 小烧杯中，加入 15 mL 硫酸，在 40 ℃ 水浴中反应 40 min 左右，当反应放出的气泡较少时，常压过滤。将未反应的锌皮干燥，称重。取滤液浓缩结晶（为 $ZnSO_4 \cdot 7H_2O$ 晶体）称重，留待第（6）步用。（这里用了质量差法求锌皮反应质量）

（6）在烧杯中加入等量的 $BaCl_2$ 及 Na_2S 溶液，搅拌使之反应完全以制取 BaS 溶液。常压过滤除去杂质。称取 1.80 g 自制 $ZnSO_4 \cdot 7H_2O$，加适量水使其溶解。另取一干燥洁净的烧杯，向其中交替加入 BaS 与 $ZnSO_4$ 溶液，同时不停搅动（反应中保持溶液微碱性）。反应完毕后静置，减压过滤（由于颗粒小要用双层滤纸），称重产物。

实验过程见图 10 - 1。

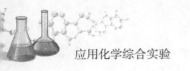
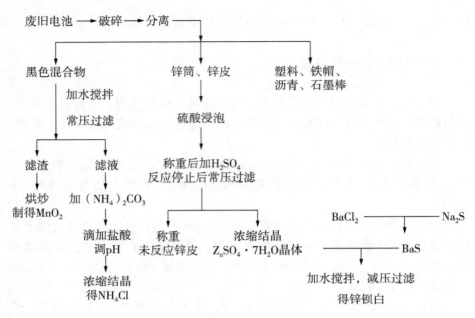

图 10 - 1 实验过程

五、实验结果与计算

（1）初步回收得：塑料____g，铁帽____g，锌皮____g（粗），石墨棒____g，沥青____g，黑色混合物____g，总质量为____g。

（2）$ZnSO_4 \cdot 7H_2O$ 产率：

$$m_{理论} = m_{Zn}/M_{Zn} \times M_{ZnSO_4 \cdot 7H_2O} \qquad 产率 = m_{实际}/m_{理论} \times 100\%$$

总共可制得 $ZnSO_4 \cdot 7H_2O$ 晶体____g。

（3）制得 NH_4Cl 晶体____g。黑色混合物总共可制得 NH_4Cl 晶体____g。

（4）制得锌钡白____g（用去 $ZnSO_4 \cdot 7H_2O$ 晶体 1.80 g）。

（5）制得二氧化锰____g。黑色混合物总共可制得____g。

六、思考题

（1）步骤（4）中为什么要调节溶液碱性？

（2）用有柄蒸发皿烘炒时，由于固体温度过高常使蒸发皿破裂，应用什么坩埚？

（3）步骤（6）中为什么要不停搅拌？

第二编　分析综合实验

实验十一　比色法测定水果（或蔬菜）中维生素 C 的含量

一、实验目的

（1）了解比色法测定维生素 C 的原理。

（2）学会从植物样品中提取试液的一般方法。

（3）熟悉分光光度计的使用操作。

二、实验原理

维生素 C 又名抗坏血酸，化学名称为 3 - 氧代 - L - 古龙糖酸呋喃内酯，分子式为 $C_6H_8O_6$；是一种对机体具有营养、调节和医疗作用的生命物质；纯净的维生素为白色或淡黄色结晶或结晶性粉末，无臭、味酸；还原性强，在空气中极易被氧化，尤其是碱性介质中反应更甚。氧化产物脱氢抗坏血酸仍保留维生素 C 的生物活性。在动物组织内脱氢抗坏血酸可被谷胱甘肽等物质还原为抗坏血酸。当体系 pH > 5 时，脱氢抗坏血酸易将其分子构造重排使其内能环开裂，生成无污性的二酮古洛糖酸。

$$C_6H_8O_6（\text{I}）\longrightarrow\ C_6H_6O_6（\text{II}）（\text{氧化脱氢}）$$

$$C_6H_6O_6（\text{II}）\longrightarrow\ C_6H_6O_7（\text{III}）（pH > 5）$$

（I）、（II）、（III）合称为总维生素 C。（II）、（III）均能与 2, 4 - 二硝基苯肼作用生成红色物质脎。这种红色物质能溶解于硫酸，其生成量与（II）、（III）的量成正比。所以，只要将样品中的（I）氧化，并与 2, 4 - 二硝基苯肼作用，生成的红色物质用硫酸溶解，再与同样处理的维生素 C 标准溶液比色，即可求出样品维生素 C 的含量。

三、实验仪器和试剂

（1）仪器：721分光光度计、研钵、容量瓶50 mL、100 mL、50 mL锥形瓶、10 mL比色管。

（2）试剂：1%草酸、25%硫酸、2% 2，4-二硝基苯肼、85%硫酸、活性炭、10%硫脲（50 g硫脲溶于500 mL 1%草酸）、1 mg/mL抗坏血酸标准溶液（将100 mg纯维生素C溶于100 mL 1%草酸）。

四、实验步骤

1. 提取维生素C试样

称量新鲜的辣椒2 g于研钵中，加少量1%草酸，研磨5～10 min，将提取液收集于50 mL容量瓶中，重复提取3次，加1%草酸至刻度。取10 mL提取液于干燥锥形瓶中，加入半匙活性炭，充分振摇约1 min后过滤。

2. 配制标准溶液

量取1.0 mL维生素C标准储备液于100 mL容量瓶，用1%草酸稀释至刻度（这时1 mL相当于0.01 mgVC）。取10 mL标准溶液于干燥锥形瓶中，加入半匙活性炭，充分振摇约1 min后过滤。

3. 显色

在试管①中加入2.5 mL样品滤液及10%硫脲1滴；在试管②中加入标准VC滤液2.5 mL，2% 2，4-二硝基苯肼1.0 mL；在试管③中加入样品滤液2.5 mL、10%硫脲1滴、2% 2，4-二硝基苯肼1.0 mL，分别混匀，置于沸水中加热约10 min后流水冷却。在试管①中加入2% 2，4-二硝基苯肼1.0 mL。然后分别将3支试管置于冷水中，缓慢滴加3.0 mL 85%硫酸，边滴加边摇动冷却，充分混匀后静置10 min。

4. 测量吸光度并计算

在721分光光度计上，选用1 cm厚的比色皿，波长于500 nm处，以试管①中溶液为空白调零，以试管②溶液为标准，测定试管②、③溶液的吸光度并计算。

100 g样品中VC总含量（mg）= 样品液吸光度/标准液吸光度×0.01×2.5×50/2.5×100/2

五、思考题

（1）样品处理和标准 VC 溶液中加入 10% 草酸起什么作用？
（2）为什么要用活性炭脱色？
（3）本实验中有哪些因素会导致测定误差？

实验十二　含铬废水的处理与检验

一、实验目的

（1）了解化学还原法处理含铬工业废水的原理和方法。
（2）学习用分光光度法测定和检验废水中铬的含量。
（3）熟悉分光光度计的使用操作。

二、实验原理

　　铬是毒性较高的元素之一。铬污染主要来源于电镀、制革及印染等工业废水的排放废水中 Cr（Ⅵ）和 Cr（Ⅲ）主要以 CrO_4^{2-} 和 CrO_2^- 形式存在。由于 Cr（Ⅵ）的毒性比 Cr（Ⅲ）大得多，还是一种致癌物质，因此，含铬废水处理的基本原则是先将 Cr（Ⅵ）还原为 Cr（Ⅲ），然后将其除去。

　　对含铬废水处理的方法有离子交换法、电解法、化学还原法等。本实验采用铁氧体化学还原法。所谓铁氧体是指具有磁性的 Fe_3O_4 中的 Fe^{2+}、Fe^{3+} 离子，部分地被与其离子半径相似的其他 +2 价或 +3 价金属离子（如 Cr^{3+}、Mn^{2+} 等）所取代而形成的以铁为主体的复合型氧化物。可用 $M_xFe_{(3-x)}O_4$ 表示，以 Cr^{3+} 为例，可写成 $Cr_xFe_{(3-x)}O_4$。

　　铁氧体法处理含铬废水的基本原理就是使废水中的 $Cr_2O_7^{2-}$ 或 CrO_4^{2-} 在酸性条件下与过量还原剂 $FeSO_4$ 作用生成 Cr^{3+} 和 Fe^{3+}，其反应为：

$$Cr_2O_7^{2-} + 6Fe^{2+} + 14H^+ = 2Cr^{3+} + 6Fe^{3+} + 7H_2O$$

$$(CrO_4^{2-}) + 3Fe^{2+} + 8H^+ = Cr^{3+} + 3Fe^{3+} + 4H_2O$$

　　反应结束后加入适量碱液，调节溶液 pH 并适当控制温度，加少量 H_2O_2 或通入空气搅拌，将溶液中过量的 Fe^{2+} 部分氧化为 Fe^{3+}，得到比例适

度的 Cr^{3+}、Fe^{2+}、Fe^{3+} 并转化为沉淀：

$$Fe^{3+} + 3OH^- = Fe(OH)_3 \downarrow$$
$$Fe^{2+} + 2OH^- = Fe(OH)_2 \downarrow$$
$$Cr^{3+} + 3OH^- = Cr(OH)_3 \downarrow$$

当形成的 $Fe(OH)_2$ 和 $Fe(OH)_3$ 的量的比例为 1∶2 左右时，可生成类似于 $Fe_3O_4 \cdot xH_2O$ 的磁性氧化物（铁氧体），其组成可写成 $Fe(Ⅱ)Fe_2(Ⅲ) \cdot O_4 \cdot xH_2O$，其中，部分 Fe^{3+} 可被 Cr^{3+} 取代，使 Cr^{3+} 成为铁氧体的组成部分而沉淀下来。沉淀物经脱水等处理后，即可得到成分符合铁氧体组成的复合物。

铁氧体法处理含铬废水效果好，投资少，简单易行，沉渣量少且稳定，含铬铁氧体是一种磁性材料，可用于电子工业，既保护了环境，又利用了废物。

为检查废水处理的结果，常采用比色法分析水中的铬含量。其原理为：$Cr(Ⅵ)$ 在酸性介质中与二苯基碳酰二肼反应生成紫红色配合物，该配合物溶于水，其溶液颜色对光的吸收程度与 $Cr(Ⅵ)$ 的含量成正比。只要把样品溶液的颜色与标准系列的颜色比较或用分光光度计测出此溶液的吸光度，就能确定样品中 $Cr(Ⅵ)$ 的含量。

如果水中有 $Cr(Ⅲ)$，可在碱性条件下用 $KMnO_4$ 将 $Cr(Ⅲ)$ 氧化为 $Cr(Ⅵ)$，然后再测定。

为防止溶液中 Fe^{2+}、Fe^{3+} 及 Hg_2^{2+}、Hg^{2+} 等的干扰，可加入适量的磷酸消除干扰。

三、实验仪器和试剂

（1）仪器：721 分光光度计、比色管（25 mL 10 支）、比色管架、酒精灯、三脚架、石棉铁丝网、蒸发皿、碱式和酸式滴定管（25 mL 各 1 支）、50 mL 容量瓶、量筒（10 mL、50 mL）、烧杯（400 mL、250 mL）、滤纸、温度计。

（2）试剂：3 mol/L 硫酸、硫酸－磷酸混合酸〔（15% 硫酸 + 15% 磷酸 + 70% 水）（体积比）〕、6 mol/L NaOH、3% NaOH、10% $FeSO_4 \cdot 7H_2O$、10.0 mg $K_2Cr_2O_7$ 标准溶液、0.05 mol/L $(NH_4)_2Fe(SO_4)_2$ 标准溶液、3% H_2O_2、1% 二苯胺磺酸钠、0.1% 二苯基碳酰二肼溶液、pH 试纸、含铬废水（可自配：1.6 g $K_2Cr_2O_7$ 溶于 1000 mL 自来水中）。

四、实验步骤

1. 含铬废水中 Cr（Ⅵ）的测定

用移液管移取 25.00 mL 含铬废水于锥形瓶中，依次加入 10 mL 硫酸 – 磷酸混合酸和 30 mL 蒸馏水，滴加二苯胺磺酸钠指示剂并摇匀。用标准 $(NH_4)_2Fe(SO_4)_2$ 溶液滴定至溶液由红色变为绿色为止，记录滴定剂耗用体积，平行测定 2 份，求出废水中 $Cr_2O_7^{2-}$ 的浓度。

2. 含铬废水的处理

（1）取 50 mL 含铬废水于 250 mL 烧杯中，在不断搅拌下滴加 3 mol/L 硫酸调整至 pH 约为 1，然后加入 10% $FeSO_4$ 的溶液，直至溶液颜色由浅蓝色变为亮绿色为止。

（2）往烧杯中继续滴加 6 mol/L NaOH 溶液，调节 pH 为 8～9，然后将溶液加热至 70 ℃左右，在不断搅拌下滴加 6～10 滴 3%的 H_2O_2，充分搅拌后冷却静置，使 Cr^{3+}、Fe^{2+}、Fe^{3+} 的氢氧化物沉淀沉降。

（3）用倾斜法将上层清液量入另一烧杯中以备测定残余 Cr（Ⅲ）。沉淀用蒸馏水洗涤数次，以除去 K^+、Na^+、SO_4^{2-} 等离子，然后将其转移到蒸发皿中，用小火加热，并不时搅拌沉淀蒸发至干。待冷却后，将沉淀物均匀地摊在干净白纸上，另用纸将磁铁裹住，与沉淀物接触，检查沉淀物的磁性。

3. 处理后水质的检验

（1）配制 Cr（Ⅵ）标准溶液系列和制作工作曲线。用吸量管分别准确吸取 $K_2Cr_2O_7$ 标准溶液 0.00 mL、1.00 mL、2.00 mL、3.00 mL、4.00 mL、5.00 mL 分别注入 50 mL 容量瓶中并编号，用洗瓶冲洗瓶口内壁，加入 20 mL 蒸馏水，10 滴硫 – 磷混酸和 3 mL 0.1%二苯基碳酰二肼溶液，最后用蒸馏水稀释至刻度，摇匀（观察各溶液显色情况），此时，瓶中 Cr（Ⅵ）质量浓度分别为 0.000 mg、0.200 mg、0.400 mg、0.600 mg、0.800 mg、1.000 mg/L。采用 1 cm 比色皿，在 540 nm 处，以空白组（1 号）作参比，用 721 分光光度计测定各瓶溶液吸光度 A，以 Cr（Ⅵ）质量浓度为横坐标，吸光度 A 为纵坐标作图，即得到工作曲线。

（2）处理后水中 Cr（Ⅵ）质量浓度的检验。将本实验 2 步骤（3）中的上层清液（若有悬浮物则应过滤）取 10 mL 2 份于 2 个 50 mL 容量瓶中（编号 7、8），以下操作同步骤 3（1），测出处理后水样的吸光度值，从工作曲

线上查出相应的 Cr（Ⅵ）的质量浓度，然后求出处理后水中残留 Cr（Ⅵ）的含量，确定是否达到国家工业废水的排放标准（<0.5 mg/L）。

五、思考题

（1）为什么要加入 H_2O_2？此过程发生了什么反应？

（2）实验所测定的 Cr 的化学形态是什么？简述其测定方法基本原理。

（3）处理废水中，为什么加 $FeSO_4$ 前要加酸调整 pH 至 1？之后为什么又要加碱调整 pH 至 8？

实验十三　混合物中铬、锰含量的同时测定

一、实验目的

（1）了解混合物中铬、锰含量同时测定的原理。

（2）学习用分光光度法同时测定铬、锰的含量。

（3）熟悉分光光度计的使用操作。

二、实验原理

在多组分体系中，如果各种吸光物质之间不相互作用，这时体系的总吸光度等于各组分吸光度之和，即吸光度具有加和性的特点。图 13 – 1 是在硫酸溶液中 $Cr_2O_7^{2-}$ 和 MnO_4^- 的吸收曲线，表明它们的吸收曲线互相重叠，在进行分光光度法测定时，两组分彼此相互干扰。根据吸光度加和性原理，可以通过求解方程组来分别求出各未知组分的质量浓度。

$$A_{\lambda_1}^{Cr+Mn} = A_{\lambda_1}^{Cr} + A_{\lambda_1}^{Mn} = \kappa_{\lambda_1}^{Cr} C_{Cr} + \kappa_{\lambda_1}^{Mn} C_{Mn} \qquad (1)$$

$$A_{\lambda_2}^{Cr+Mn} = A_{\lambda_2}^{Cr} + A_{\lambda_2}^{Mn} = \kappa_{\lambda_2}^{Cr} C_{Cr} + \kappa_{\lambda_2}^{Mn} C_{Mn} \qquad (2)$$

解此联立方程式，得

$$C_{Cr} = \frac{A_{\lambda_1}^{Cr+Mn} \kappa_{\lambda_2}^{Mn} - A_{\lambda_2}^{Cr+Mn} \cdot \kappa_{\lambda_1}^{Mn}}{\kappa_{\lambda_1}^{Cr} \cdot \kappa_{\lambda_2}^{Mn} - \kappa_{\lambda_2}^{Cr} \cdot \kappa_{\lambda_1}^{Mn}}$$

$$C_{Mn} = \frac{A_{\lambda_1}^{Cr+Mn} - \kappa_{\lambda_1}^{Cr} \cdot C_{Cr}}{\kappa_{\lambda_1}^{Mn}}$$

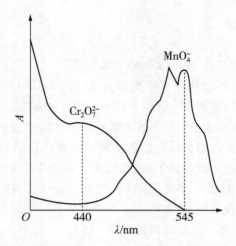

图 13 - 1 Cr₂O₇²⁻ 和 MnO₄⁻ 吸收曲线

本实验以 AgNO₃ 为催化剂，在硫酸介质中，加入过量（NH₄）₂S₂O₈ 氧化剂，将混合液中 Cr^{3+} 和 Mn^{2+} 氧化成 $Cr_2O_7^{2-}$ 和 MnO_4^-，在波长 440 nm 和 545 nm 处测定其吸光度 A_{440}^{Cr+Mn} 和 A_{545}^{Cr+Mn}，得到 κ_{440}^{Cr}、κ_{440}^{Mn}、κ_{545}^{Cr}、κ_{545}^{Mn}，代入式（1）和式（2）中，便可通过解联立方程求出 C_{Cr} 和 C_{Mn}。

三、实验仪器和试剂

1）仪器

721 分光光度计、容量瓶（100 mL 5 个、1000 mL 3 个）、烧杯、移液管等。

2）试剂

（1）1.0 mg/mL 铬标准溶液。准确称取 3.734 g AR 铬酸钾（预先在 105～110 ℃烘烧 1 h），溶于适量水中，定量转移至 1 L 容量瓶中，用水稀释至刻度，摇匀。

（2）1.0 mg/mL 锰标准溶液。准确称取 2.749 g AR 硫酸锰（在 400～500 ℃灼烧过），溶于适量水中，定量转移至 1 L 容量瓶中，用水稀释至刻度，摇匀。

（3）硫酸 – 磷酸混合酸[（15% 硫酸 + 15% 磷酸 + 70% 水）（体积比）]。

（4）0.5 mol/L AgNO₃ 溶液。

（5）150 g/L （NH₄）₂S₂O₈ 溶液（用时现配）。

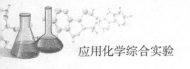

四、实验步骤

1. 测绘 Cr^{3+} 和 Mn^{2+} 标准溶液的吸收曲线

在 2 个 100 mL 容量瓶中，分别加入 5.00 mL Cr^{3+} 标准溶液和 1.00 mL Mn^{2+} 标准溶液，然后各加 30 mL 水、10 mL 硫酸 – 磷酸混合酸、2 mL 150 g/L $(NH_4)_2S_2O_8$、10 滴 0.5 mol/L $AgNO_3$ 溶液，沸水浴中加热，保持微沸 3 min 左右。待溶液颜色稳定后，冷却，以水稀释至刻度，摇匀。用 1 cm 吸收池，以蒸馏水为参比，在 420 ～ 560 nm 范围内，每隔 10 nm 测定一次各溶液的吸光度（在吸收峰附近可多测几点），分别绘制 Cr^{3+} 和 Mn^{2+} 的吸收曲线，确定各自的最大吸收波长 λ_{max}。

2. Cr^{3+} 和 Mn^{2+} 质量浓度的同时测定

在 1 个 100 mL 容量瓶中，加入 1.0 mL 试样溶液，然后依次加入 30 mL 水、10 mL 硫酸 – 磷酸混合酸、2 mL 150 g/L $(NH_4)_2S_2O_8$、10 滴 0.5 mol/L $AgNO_3$ 溶液，沸水浴中加热，保持微沸 3 min 左右。待溶液颜色稳定后，冷却，以水稀释至刻度，摇匀。用 1 cm 吸收池，以蒸馏水为参比，分别在波长 440 nm 和 545 nm 处测定其吸光度。

3. 结果处理

（1）从 2 条吸收曲线上查出波长 440 nm 和 545 nm 处 A_{440}^{Cr}、A_{440}^{Mn}、A_{545}^{Cr}、A_{545}^{Mn} 值，根据 Cr^{3+} 和 Mn^{2+} 标准溶液的浓度，由 $A = \kappa bc$ 关系式，计算出 κ_{440}^{Cr}、κ_{440}^{Mn}、κ_{545}^{Cr}、κ_{545}^{Mn} 值。

将各 κ 值和测定的 A_{440}^{Cr+Mn} 和 A_{545}^{Cr+Mn} 值代入式（1）和式（2），求出试液中 Cr^{3+} 和 Mn^{2+} 的质量浓度，以 C_{Cr} 和 C_{Mn} 表示。

（2）也可以将测试数据输入计算机，首先用线性回归法计算每种组分在波长 440 nm 和 545 nm 处的摩尔吸收系数。再通过计算机程序算出混合溶液中 C_{Cr} 和 C_{Mn}。计算程序可以自编，也可以参阅有关文献。

五、思考题

（1）为什么可用分光光度法同时测定混合液中铬和锰？

（2）根据吸收曲线，本实验可以选择测定波长为 420 nm 和 500 nm 吗？为什么？

（3）本实验中如何测定摩尔吸收系数 κ？

实验十四　日常食品的质量检测

一、实验目的

（1）了解掺假牛奶、蜂蜜的鉴别方法。
（2）了解一些食品中有害元素的鉴定。

二、实验原理

1. 掺假食品的鉴别

（1）牛奶中掺豆浆的检查。牛奶是一种营养丰富、老少皆宜的食品。正常牛奶为白色或浅黄色均匀胶状液体，无沉淀、无凝块、无杂质，具有轻微的甜味和香味，其成分见表 14 – 1。

表 14 – 1　成分

成　　分	水	脂肪	蛋白质	酪蛋白	乳糖	白蛋白	灰分
含量/%	87.35	3.75	3.40	3.00	4.75	0.04	0.75

如果在牛奶中掺入了豆浆，尽管此时牛奶的密度、蛋白质的含量变化不大，可能仍在正常范围内，但由于豆浆含约25%的碳水化合物（主要是棉籽糖、水苏糖、蔗糖、阿拉伯半乳糖等），它们遇碘后显乌绿色，所以利用这种变化可定性地检查牛奶中是否掺有豆浆。

（2）掺蔗糖蜂蜜的鉴定。蜂蜜是人们喜爱的营养保健食品，正常蜂蜜的密度为 1.404 ～ 1.433 g/mL，主要成分中葡萄糖和果糖占65% ～ 81%，蔗糖占8%，水占16% ～ 25%，糊精、非糖物质、矿物质和有机酸等约占5%。此外，还含有少量酵素、维生素及花粉粒等，因所采花粉不同，其成分也有一定差异。

人为地在蜂蜜中掺入熬成糖浆的廉价蔗糖，外观上也会出现一些变化。一般这种掺糖蜂蜜色泽比较鲜艳，大多呈浅黄色，味淡，回味短，且糖浆味较浓。用化学方法可鉴别蜂蜜是否掺蔗糖，方法是取样品加水搅拌，如果有浑浊或沉淀，再加 $AgNO_3$（1%），若有絮状物产生，即为掺蔗糖蜂蜜。

（3）亚硝酸钠与食盐的区别。亚硝酸钠（$NaNO_2$）是一种白色或浅黄色晶体或粉末，有咸味，很像食盐，如果用亚硝酸钠当食盐用于制作腌腊食品和卤制食品，是有严重危害的。如果误食 0.3～0.5 g 亚硝酸钠就会中毒，食后 10 min 就会危及生命。亚硝酸钠不仅有毒，而且还是致癌物，对人体健康危害很大。利用亚硝酸钠在酸性条件下氧化 KI 生成单质碘的反应：

$$2NaNO_2 + 2KI + 2H_2SO_4 = 2NO + I_2 + K_2SO_4 + Na_2SO_4 + 2H_2O$$

单质碘遇淀粉显蓝色，就可以把亚硝酸钠与食盐区别开。

2. **食品中的微量有害元素的鉴定**

（1）油条中微量铝的鉴定。油条（油饼）是大多数人经常食用的大众化食品。为了使油条松脆可口，揉制油条面团时，每 500 g 面粉约需加入 10 g 明矾 $[KAl(SO_4)_2 \cdot 12H_2O]$ 和若干苏打（Na_2CO_3），在高温油炸过程中，明矾和苏打发生以下反应：

$$Al^{3+} + 3H_2O = Al(OH)_3 + 3H^+$$

$$2H^+ + CO_3^{2-} = H_2O + CO_2\uparrow$$

由于 CO_2 大量产生，油条面团体积迅速膨胀，并在表面形成一层松脆的皮膜，非常好吃。

但是，近年来医学界研究发现，吃进人体内的铝对健康危害很大，能引起痴呆、骨痛、贫血、甲状腺功能降低、胃液分泌减少等多种疾病。摄入过量的铝还会影响人体对磷的吸收和能量代谢，降低生物酶的活性，而且铝不仅能引起神经细胞的死亡，还能损害心脏。当铝进入人体后，可形成牢固的、难以消化的配位化合物，使其毒性增加。因此，人们要警惕从油条等食物中摄入过量的铝。

取小块油条切碎后经灼烧成灰，用 6 mol/L 硝酸浸取，浸取液加巯基乙酸溶液，混匀后，加铝试剂缓冲液，加热观察到红色溶液生成，样品中即含有铝。

（2）皮蛋中铅的鉴定。皮蛋是一种具有特殊风味的食品，但往往受铅的污染。而铅及其化合物具有较大毒性，在人体内还有积累作用，会引起慢性中毒。

　　在一定条件下，铅离子能与二硫腙形成一种红色配合物。由于二硫腙是一种广泛配位剂，用它测定铅离子时，必须考虑其他金属离子的干扰作用，可通过控制溶液的酸度和加入掩蔽剂加以消除。用氨水调节试液 pH 到 9 左右，此时 Pb^{2+} 与二硫腙形成红色配合物；加盐酸羟胺还原 Fe^{3+} 离子，并用柠檬酸胺掩蔽 Fe^{2+}、Sn^{2+}、Cd^{2+}、Cu^{2+} 等，用 $CHCl_3$ 萃取后，铅的二硫腙配合物萃取入 $CHCl_3$ 中，干扰离子则留在水溶液中。

三、实验仪器和试剂

　　（1）仪器：100 mL 容量瓶、移液管（1 mL、25 mL）、酸式滴定管、三角瓶、试管、坩埚、电炉、高温电炉（马弗炉）、水浴装置、组织捣碎机、蒸发皿、烘箱、研钵。

　　（2）试剂：碘水、1% $AgNO_3$、$NaNO_2$（s）、NaCl（s）、浓食盐水、2 mol/L 硫酸、浓硫酸、6 mol/L 硝酸、1 mol/L 硝酸、6 mol/L 盐酸、1 mol/L 盐酸、0.8% 巯基乙酸、0.1 mol/L KI、铝试剂缓冲液、20% 柠檬酸胺、20% 盐酸羟胺、0.002% 二硫腙氯仿溶液、1∶1 氨水、10 mol/L KOH、$CHCl_3$、0.1 mol/L 醋酸铅、0.02 mol/L $K_2Cr_2O_7$、30% H_2O_2、2% $K_2S_2O_8$、20% KSCN、pH 为 4.74 的缓冲溶液、25% $Na_2S_2O_3$、碘酒、乙醇、$KMnO_4$（s）、碘（s）、Na_2SO_3（s）、正常牛奶、掺豆浆牛奶、掺蔗糖蜂蜜、油条、松花蛋。

四、实验步骤

1. 掺假食品的鉴别

　　（1）牛奶中掺豆浆的检查。取 2 支试管分别加入正常牛奶和掺豆浆牛奶各 2 mL，再加入 2～3 滴碘水，混匀后观察 2 支试管中颜色的不同变化。正常牛奶显橙黄色，而掺豆浆牛奶则显乌绿色。

　　（2）掺蔗糖蜂蜜的鉴定。在一支试管中加入掺糖蜂蜜样品约 1 mL，再加水 4 mL，振荡搅拌，如有浑浊或沉淀，再滴加 2 滴 1% $AgNO_3$，若有絮状物产生，就证明此蜂蜜中掺有蔗糖。

　　（3）亚硝酸钠与食盐的区别。取 2 支试管分别加入少量 $NaNO_2$ 固体和 NaCl 固体，再加入 2 mol/L 硫酸和 0.1 mol/L KI，观察 2 支试管中不同的实验现象，再用新配制的淀粉溶液鉴别。

2. 食品中微量有害元素的鉴定

（1）油条中微量铝的鉴定。取一小块油条切碎放入坩埚内，在电炉上低温炭化，待浓烟散尽，放入马弗炉（炉温 500 ℃）中灰化，到坩埚内物质呈白色灰状时，停止加热。冷却后加入约 2 mL 6 mol/L 硝酸，在水浴上加热蒸发至干，把所得产物加水溶解。用一支试管取约 2 mL 所得溶液，加 5 滴 0.8% 巯基乙酸溶液，摇匀后，加约 1 mL 铝试剂缓冲溶液，再摇匀，并放入热水浴中加热。观察到生成红色溶液，即证明样品中含有铝。

（2）皮蛋中铅的鉴定。取一个皮蛋剥去蛋壳后，放入高速组织捣碎机中，按 2∶1 的蛋水比加水，捣成匀浆。把所有匀浆倒入瓷蒸发皿中，先在水浴上蒸发至干，然后放在电炉上小心炭化至无烟后，移入高温炉中，在约 550 ℃ 的温度下灰化至呈白色灰烬。取出冷却后，加 1∶1 硝酸溶解所得灰分。

取所得样品溶液约 2 mL，加入 2 mL 1% 硝酸、2 mL 20% 柠檬酸胺和 1 mL 20% 盐酸羟胺，用 1∶1 氨水调节溶液 pH 约为 9，再加入 5 mL 二硫腙溶液，剧烈摇晃约 1 min，静置分层后观察有机溶剂（$CHCl_3$）层中红色配合物的生成，即证明皮蛋中含有铅。

五、思考题

（1）正常牛奶和掺豆浆牛奶的主要差别是什么？

（2）如何区别正常蜂蜜和掺糖蜂蜜？

（3）认识亚硝酸钠当食盐使用的危害。可以利用它们哪些不同的化学性质加以区别？

（4）指出铝对人体健康的危害。如何鉴定食品中含有铝？

（5）用什么方法鉴定食物中少量有害元素铅的存在？

实验十五　红外光谱分析法对植物油脂品质进行评价

一、实验目的

（1）学会红外光谱分析法中样品的制备（压片法）。

（2）学习并掌握红外光谱仪的使用方法。

（3）学会植物油脂的红外谱图的分析。

二、实验仪器和试剂

（1）仪器：Bruker Tewsor 27 傅立叶变换红外光谱仪、玛瑙研钵、红外线烘箱、手压式压片机。

（2）试剂：KBr（AR）、无水乙醇、花生油、煎炸老油。

三、实验原理

油脂在储藏期间，由于受油脂的组成、温度、氧、光线等因素的影响，时间久后，油脂出现酸败且组成发生变化。因此，将正常油脂与煎炸老油在完全相同的工作条件下，分别测绘出红外光谱，利用红外图谱的差异，可以对油脂的品质进行评价。

四、实验步骤

（1）KBr 样品压片的制备：取适量干燥的 KBr 于玛瑙研钵中充分磨细，颗粒粒度约为 2 μm。

（2）取出约 100 mg 装入干净的压模内，置于压片机上，在约 10 MPa 压力下压制 1 min，制成透明 KBr 薄片，共制得两片，供下面实验用。

（3）花生油样品的红外吸收谱图的测绘：取上述制得的 KBr 压片，用滴管滴 1 滴花生油，使其均匀铺在 KBr 压片上。然后置于 Bruker Tewsor 27 傅立叶变换红外光谱仪试样池的光路中对花生油样品进行扫描测定，用纯 KBr 薄片为参比片。

（4）煎炸老油样品的红外吸收谱图的测绘：取上述制得的 KBr 压片，用滴管滴 1 滴煎炸老油，使其均匀铺在 KBr 压片上。然后置于 Bruker Tewsor 27 傅立叶变换红外光谱仪试样池的光路中对煎炸老油样品进行扫描测定，用纯 KBr 薄片为参比片。

（5）红外图谱的对比分析：将花生油样品和煎炸老油样品的红外图谱进行分析比较，并对其品质进行评价。

（6）扫描结束后，取出试样架，取出薄片，按要求用无水乙醇将模具、试样架等擦净收好。

五、注意事项

在压片制样过程中，物料必须磨细并混合均匀，加入模具中需均匀平整，否则不易获得透明均匀的片子。KBr 极易受潮，因此制样操作应在红外灯下进行。

六、思考题

（1）羟基化合物谱图的主要特征是什么？
（2）为什么红外分光光度法要采用特殊的制样方法？

实验十六　硅酸盐水泥中 SiO_2、Fe_2O_3、Al_2O_3、CaO 和 MgO 含量的测定

一、实验目的

（1）学习复杂物质分析的方法。
（2）掌握尿素均匀沉淀法的分离技术。

二、实验原理

水泥主要由硅酸盐组成。按我国的相关规定，水泥分成硅酸盐水泥（熟料水泥）、普通硅酸盐水泥（普通水泥）、矿渣硅酸盐水泥（矿渣水泥）、火山灰水泥（火山灰水泥）、粉煤灰硅酸盐水泥（煤灰水泥）等。水泥熟料是由水泥生料经 1400 ℃以上高温煅烧而成。硅酸盐水泥由水泥熟料加入适量石膏而成，其成分与水泥熟料相似，可按水泥熟料化学分析法进行测定。

水泥熟料、未掺混合材料的硅酸盐水泥、碱性矿渣水泥，可采用酸分解法。不溶物含量较高的水泥熟料、酸性矿渣水泥、火山灰质水泥等酸性氧化物较高的物质，可采用碱熔融法。本实验法采用的硅酸盐水泥，采用酸分解法。

SiO$_2$ 的测定可分成滴定法和重量法。重量法又因使硅酸凝聚所用物质的不同分为盐酸干涸法、动物胶法、氯化铵法等，本实验采用氯化铵法。将试样与 7～8 倍的固体 NH$_4$Cl 混匀后，加 HCl 溶液分解试样，再滴加 HNO$_3$ 溶液氧化 Fe^{2+} 为 Fe^{3+}。经沉淀分离、过滤洗涤后的 SiO$_2$·nH$_2$O 在瓷坩埚中于 950 ℃ 灼烧至恒重。本法测定结果较标准法约偏高 0.2%。若改用铂坩埚在 1100 ℃ 灼烧恒重、经氢氟酸处理，测定结果与标准法结果比较，误差小于 0.1%。生产上，SiO$_2$ 的快速分析常采用氟硅酸钾滴定法。如果不测定 SiO$_2$，则试样经 HCl 分解、HNO$_3$ 氧化后，用均匀沉淀法使 Fe(OH)$_3$、Al(OH)$_3$ 与 Ca^{2+}、Mg^{2+} 分离。以磺基水杨酸为指示剂，用 EDTA 络合滴定 Fe；以 PAN 为指示剂，用 CuSO$_4$ 标准溶液返滴定法测定 Al、Fe，Al 含量高时，对 Ca^{2+}、Mg^{2+} 测定有干扰。用尿素分离 Fe、Al 后，Ca^{2+}、Mg^{2+} 是以 GBHA 或铬黑 T 为指示剂，用 EDTA 络合滴定法测定。若试样中含 Ti，则 CuSO$_4$ 滴定所测得的实际上是 Al、Ti 合量。若要测定 TiO$_2$ 的含量，可加入苦杏仁酸解蔽剂，TiY 可成为 Ti^{4+}，再用标准 CuSO$_4$ 溶液滴定释放的 EDTA，若 Ti 含量较低，可用比色法测定。

三、主要试剂和仪器

1. EDTA 溶液

在台秤上称取 4 g EDTA，加入 100 mL 水溶解后，转移至塑料瓶中，稀释至 500 mL，摇匀，待标定。

2. 铜标准溶液

准确称取 0.3 g 纯铜，加入 3 mL 6 mol/L HCl 溶液，滴加 2～3 mL H$_2$O$_2$，盖上表面皿，微沸溶解，继续加热赶走 H$_2$O$_2$（小泡冒完为止），冷却后转入 250 mL 容量瓶中，用水稀释至刻度，摇匀。

3. 指示剂

溴甲酚绿（1 g/L）、20% 乙醇溶液、磺基水杨酸钠（100 g/L）、PNA（3 g/L）乙醇溶液。铬黑 T（1 g/L）：称取 0.1 g 铬黑 T 溶于 75 mL 三乙醇胺和 25 mL 乙醇中。GBHA（0.4 g/L）乙醇溶液。

4. 缓冲溶液

氯乙酸-醋酸铵缓冲液（pH = 2）：850 mL 0.1 mol/L 氯乙酸与 85 mL 0.1 mol/L NH$_4$Ac 混匀。

氯乙酸-醋酸钠缓冲液（pH = 3.5）：250 mL 2 mol/L 氯乙酸与 500 mL

1 mol/L NaAc 混匀。

NaOH 强碱缓冲液（pH = 12.6）：10 g NaOH 与 10 g $Na_2B_4O_7 \cdot 10H_2O$（硼砂）溶于适量水后稀释至 1 L。

氨水 – 氯化铵缓冲液（pH = 10）：67 g NH_4Cl 溶于适量水后，加入 520 mL 浓氨水，稀释至 1 L。

5. 其他试剂

NH_4Cl（固体）、氨水（1 + 1）、NaOH 溶液（200 g/L）、HCl 溶液（浓）（6 mol/L、2 mol/L）。

尿素（500 g/L）水溶液、HNO_3（浓）、NH_4F（200 g/L）、$AgNO_3$（0.1 mol/L）、NH_4NO_3（10 g/L）。

6. 仪器

马弗炉、瓷坩埚、干燥器、长、短坩埚钳。

四、实验步骤

1. EDTA 溶液的标定

用移液管准确移取 10 mL 铜标准溶液，加入 5 mL pH 为 3.5 的缓冲溶液和 35 mL 水，加热至 80 ℃后，加入 4 滴 PAN 指示剂，趁热用 EDTA 滴定至溶液由红色变为绿色，即为终点，记下消耗 EDTA 溶液的体积，平行 3 次，计算 EDTA 浓度。

2. SiO_2 的测定

准确称取 0.4 g 试样，置于干燥的 50 mL 烧杯中，加入 2.5～3.0 g 固体 NH_4Cl，用玻璃棒混匀，滴加浓 HCl 溶液至试样全部润湿（一般约 2 mL），并滴加 2～3 滴浓 HNO_3，搅匀。小心压碎块状物，盖上表面皿，置于沸水浴上，加热 10 min，加热水 40 mL，搅动，以溶解可溶性盐类。过滤，用热水洗涤烧杯和沉淀，直至滤液中无 Cl^- 反应为止（用 $AgNO_3$ 检验），弃去滤液。

将沉淀连同滤纸放入已恒重的瓷坩埚中，低温干燥、炭化并灰化后，于950 ℃灼烧 30 min 取下，置于干燥器中冷却至室温，称量。再灼烧、称量，至恒重。计算试样中 SiO_2 的质量。

3. Fe_2O_3、Al_2O_3、CaO、MgO 的测定

1）溶样

准确称取约 2 g 水泥试样于 250 mL 烧杯中，加入 8 g NH_4Cl，用一端平

头的玻璃棒压碎块状物，仔细搅拌均匀，加入 12 mL 浓 HCl 溶液，使试样全部润湿，再滴加浓 HNO₃ 4 ~ 8 滴，搅匀，盖上表面皿，置于已预热的沙浴上加热 20 ~ 30 min，直至无黑色或灰色的小颗粒为止。取下烧杯，稍冷后加热水 100 mL，搅拌使盐类溶解。冷却后放置 1 ~ 2 h，使其澄清。然后用洁净干燥的虹吸管取溶液于洁净干燥的 250 mL 烧杯中保存，作为测定 Fe、Al、Ca、Mg 等元素之用。

2）Fe₂O₃ 和 Al₂O₃ 含量的测定

准确移取 25 mL 试液于 250 mL 锥形瓶中，加入 10 滴磺基水杨酸钠、10 mL pH 为 2 的缓冲溶液，将溶液加热至 70 ℃，用 EDTA 标准溶液缓慢地滴定至溶液颜色由酒红色变为无色（终点时溶液温度应在 60 ℃ 左右），记下消耗的 EDTA 体积。平行滴定 3 次。计算 Fe₂O₃ 含量：

$$w_{Fe_2O_3} = \frac{1/2 \times (cV)_{EDTA} \times M_{Fe_2O_3}}{m_s}$$

这里 m_s 为实际滴定的每份试样质量。

于滴定铁后的溶液中，加入 1 滴溴化甲酚绿，用（1 + 1）氨水调至黄绿色，然后，加入 15 mL 过量的 EDTA 标准溶液，加热煮沸 1 min，加入 pH = 3.5 的缓冲溶液、4 滴 PNA 指示剂，用 CuSO₄ 标准溶液滴至茶红色即为终点。记下消耗的 CuSO₄ 标准溶液的体积，平行滴定 3 份，计算 Al₂O₃ 的含量：

$$w_{Al_2O_3} = \frac{1/2 \left[(cV)_{EDTA} - (cV)_{CuSO_4} \right] \times M_{Al_2O_3}}{m_s}$$

（1）溶样时试样溶解完全与否，与仔细搅拌、混匀密切相关。

（2）测定 Fe₂O₃ 含量时终点颜色与试样成分 Fe 含量有关，终点一般为无色或淡黄色。

（3）测定 Al₂O₃ 含量时随着 Cu²⁺ 的滴入，由络合物 Cu – EDTA 的蓝色和 PNA 的黄色转变为绿色，终点时生成 Cu – PNA 红色络合物，使终点呈茶红色。

3）CaO 和 MgO 含量的测定

由于 Fe³⁺、Al³⁺ 干扰 Ca²⁺、Mg²⁺ 的测定，须将它们预先分离。为此，取试液 50 mL 于 200 mL 烧杯中，滴入（1 + 1）氨水至红棕色沉淀生成时，再滴入 2 mol/L HCl 溶液使沉淀刚好溶解。然后加入 25 mL 尿素溶液，加热约 20 min，不断搅拌，使 Fe³⁺、Al³⁺ 完全沉淀，趁热过滤，滤液用 250 mL 烧杯承接，用 1% NH₄NO₃ 热水洗涤沉淀至无 Cl⁻ 为止（用 AgNO₃ 溶液检查）。滤液冷却后转移至 250 mL 容量瓶中，稀释至刻度，摇匀。滤液用于测定 Ca²⁺、Mg²⁺。

用移液管移取 25 mL 试液于 250 mL 锥形瓶中，加入 2 滴 GBHA 指示剂，滴加 200 g/L NaOH 使溶液变为微红色后，加入 10 mL pH 为 12.6 的缓冲液和 20 mL 水，用 EDTA 标准溶液滴至溶液颜色由红色变为亮黄色，即为终点。记下消耗 EDTA 标准溶液的体积，平行测定 3 次。计算 CaO 的含量。

在测定 CaO 后的溶液中，滴加 2 mol/L HCl 溶液至溶液黄色褪去，此时 pH 约为 10，加入 15 mL pH 为 10 的氨缓冲液，2 滴络黑 T 指示剂，用 EDTA 标准溶液滴至溶液颜色由红色变为纯蓝色，即为终点。记下消耗 EDTA 标准溶液体积，平行测定 3 次，计算 MgO 的含量。

五、思考题

（1）在 Fe^{3+}、Al^{3+}、Ca^{2+}、Mg^{2+} 共存时，能否用 EDTA 标准溶液控制酸度法滴定 Fe^{3+}？滴定 Fe^{3+} 的介质酸度范围为多少？

（2）EDTA 滴定 Al^{3+} 时，为什么采用回滴法？

（3）EDTA 滴定 Ca^{2+}、Mg^{2+} 时，怎样消除 Fe^{3+}、Al^{3+} 的干扰？

（4）EDTA 滴定 Ca^{2+}、Mg^{2+} 时，怎样利用 GBHA 指示剂的性质调节溶液 pH？

实验十七　硫酸四氨合铜（Ⅱ）的制备及组成分析

一、实验目的

（1）了解硫酸四氨合铜（Ⅱ）的制备方法。

（2）掌握络合物组成的分析方法和蒸馏法测定氨的技术。

二、实验原理

硫酸四氨合铜（Ⅱ）（$[Cu(NH_3)_4]SO_4 \cdot H_2O$）为深蓝色晶体，主要用于印染、纤维、杀虫剂及制备某些含铜的化合物。以硫酸铜为原料制备的反应方程式为：

$$[Cu(H_2O)_6]^{2+} + 4NH_3 + SO_4^{2-} = [Cu(NH_3)_4]SO_4 \cdot H_2O + 5H_2O$$

硫酸四氨合铜溶于水，不溶于乙醇，因此在制备的溶液中加入高浓度乙醇，即可析出硫酸四氨合铜（Ⅱ）蓝色晶体。

$[Cu(NH_3)_4]SO_4 \cdot H_2O$ 在酸性介质中被破坏为 Cu^{2+} 及 NH_4^+，其中的 Cu^{2+}、SO_4^{2-} 及 NH_3 含量可以用吸光光度法、重量分析法、酸碱滴定法分别测定。

$[Cu(NH_3)_4]SO_4 \cdot H_2O$ 在碱性介质中被破坏为 $Cu(OH)_2$ 和 NH_3，在加热条件下把氨蒸入过量的酸标准溶液中，再用标准碱溶液进行滴定，可准确测定样品中的氨含量。

三、主要仪器和试剂

（1）仪器：研钵、布氏漏斗、抽滤瓶、电子天平、722 分光光度计、吸量管（5 mL、10 mL）、容量瓶（50 mL、100 mL）、比色皿（2 cm）、滴定管（25 mL）、锥形瓶（100 mL）。

（2）试剂：$NH_3 \cdot H_2O$（1∶1）、$CuSO_4 \cdot 5H_2O$ 固体、H_2SO_4（3 mol/L）、HCl 标准溶液（0.1 mol/L）、NaOH（10% 0.1 mol/L）、$NH_3 \cdot H_2O$（2 mol/L）、标准铜溶液（0.0500 mol/L）、乙醇（95%）、酚酞（0.2%）。

四、实验步骤

1. 硫酸四氨合铜（Ⅱ）的制备

在 100 mL 烧杯中加 1∶1 的 $NH_3 \cdot H_2O$ 30 mL，在不断搅拌下慢慢加入 10 g 固体 $CuSO_4 \cdot 5H_2O$，继续搅拌，使其完全溶解成深蓝色溶液。待溶液冷却后，缓慢加入 35 mL 乙醇（95%），即有深蓝色晶体析出。盖上表面皿，静置约 15 min，抽滤，并用 1∶1 $NH_3 \cdot H_2O$–乙醇混合液（1∶1 氨水与乙醇等体积混合）淋洗晶体两次，每次用量 2～3 mL，将其在 60 ℃ 左右烘干，称量。

按 $CuSO_4 \cdot 5H_2O$ 的量计算 $[Cu(NH_3)_4]SO_4 \cdot H_2O$ 的产率。

2. 硫酸四氨合铜（Ⅱ）的组成测定

（1）铜含量测定。

标准曲线的绘制：用移液管分别移取 0.05 mol/L 标准铜溶液 0.0 mL、1.0 mL、2.0 mL、3.0 mL、4.0 mL、5.0 mL 于 6 个 50 mL 容量瓶中，分别加入 10 mL 2.0 mol/L $NH_3 \cdot H_2O$ 溶液后，用蒸馏水稀释至刻度。以空白试剂溶液为参比溶液，分别测定它们的吸光度，绘制标准曲线。

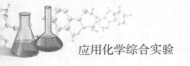

样品中 Cu^{2+} 含量的测定：准确称取样品 $0.2 \sim 0.3$ g 于小烧杯中，加 5 mL水溶解后，滴加 6 mol/L H_2SO_4 至溶液从深蓝色变至蓝色（表示络合物已解离），将溶液定量转移至 100 mL 容量瓶中，加入蒸馏水稀释至刻度，摇匀。准确吸取样品 10.00 mL 置于 50 mL 容量瓶中，加 10.00 mL 2.0 mol/L $NH_3 \cdot H_2O$，用蒸馏水稀释至刻度。以空白试剂溶液为参比溶液，测定其吸光度，计算样品中铜的含量。

（2）氨含量的测定。

氨含量的测定可在自制的简易装置中进行，见图 17 – 1。测定时先准确称取 $0.25 \sim 0.30$ g 样品置于锥形瓶中，加入 80 mL 水溶解，然后加入 10.00 mL 10% NaOH 溶液。在另一锥形瓶中准确加入 $30 \sim 35$ mL 0.50 mol/L HCl 溶液。注意：在加热样品溶液的锥形瓶中漏斗插入试管中，试管中加 5 mL 10% NaOH 溶液，加热时开始时用大火，溶液开始沸腾时改为小火，保持微沸状态。蒸出的氨通过导管被标准 HCl 溶液吸收，1 h 左右可将氨全部蒸除。用少量水将导管内外可能黏附的溶液洗入锥形瓶内。用标准 NaOH 溶液滴定过量的 HCl（以甲基红为指示剂），计算样品中氨的含量。

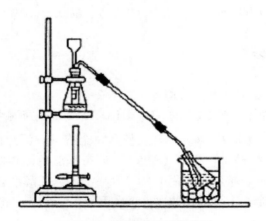

图 17 – 1　氨含量的测定装置

（3） SO_4^{2-} 的测定（重量法）。

准确称取试样 0.3 g 左右两份，分别置于烧杯中，加水 50 mL 溶解，加入 2 mol/L 盐酸 6 mL，加水稀释到约 200 mL，盖上表面皿加热近沸。另取 10% 氯化钡溶液 10 mL 两份，分别置于 100 mL 烧杯中，加水 40 mL，加热至沸。在不断搅拌下，趁热用滴管逐滴加入试液中，沉淀作用完毕后，静置 2 min，于上层清液中加 $1 \sim 2$ 滴氯化钡溶液，仔细观察有无浑浊出现，以检验沉淀是否完全，盖上表面皿微沸 10 min，陈化 1 小时。

取中速定量滤纸两张，利用倾泻法小心地把上层清液慢慢倾入已准备好的漏斗中。当烧杯中清液倾注完后，用热水洗沉淀 2 次（倾泻法），然后将沉淀定量转移到滤纸上。沉淀洗涤 1～2 次后，将盛有沉淀的滤纸折叠成小包，移入恒重的瓷坩埚中烘干，灰化后再置于 800 ℃的马弗炉中灼烧 1 小时取出，冷却至室温，称量，计算试样中 SO_4^{2-} 的含量。

五、思考题

（1）试拟出测定硫酸四氨合铜中 SO_4^{2-} 含量的实验步骤。
（2）硫酸四氨合铜中 Cu^{2+}、NH_3 和 SO_4^{2-} 还可以用哪些方法测定？

实验十八 污水中化学需氧量的测定（重铬酸钾法）

一、实验目的

（1）通过实验，掌握重铬酸钾法测定化学需氧量（COD）的原理及方法。
（2）了解污水的处理及实验条件的选择方法。

二、实验原理

在强酸性溶液中，准确加入过量的重铬酸钾标准溶液，加热回流，将水样中还原性物质（主要是有机物）氧化，过量的重铬酸钾以试亚铁灵作指示剂，用硫酸亚铁铵标准溶液回滴，根据所消耗的重铬酸钾标准溶液量来计算水样的化学需氧量。

三、仪器和试剂

1. 仪器
500 mL 全玻璃回流装置、加热装置（电炉）、25 mL 酸式滴定管、锥形瓶、移液管、容量瓶等。
2. 试剂
重铬酸钾标准溶液（$c_{1/6K_2Cr_2O_7} = 0.2500$ mol/L）：称取预先在 120 ℃烘干

2 h 的基准或优质纯重铬酸钾 12.258 g 溶于水中，移入 1000 mL 容量瓶，稀释至标线，摇匀。试亚铁灵指示液：称取 1.485 g 邻菲罗啉（$C_{12}H_8N_2 \cdot H_2O$）、0.695 g 硫酸亚铁（$FeSO_4 \cdot 7H_2O$）溶于水中，稀释至 100 mL，贮于棕色瓶中。

硫酸亚铁铵标准溶液 $\left[c_{(NH_4)_2Fe(SO_4)_2 \cdot 6H_2O} \approx 0.1 \text{ mol/L} \right]$：称取 39.5 g 硫酸亚铁铵溶于水中，边搅拌边缓慢加入 20 mL 浓硫酸，冷却后移入 1000 mL 容量瓶中，加水稀释至标线，摇匀。临用前，用重铬酸钾标准溶液标定。

四、标定方法

（1）准确吸取 10.00 mL 重铬酸钾标准溶液于 500 mL 锥形瓶中，加水稀释至 110 mL 左右，缓慢加入 30 mL 浓硫酸，摇匀。冷却后，加入 3 滴试亚铁灵指示液（约 0.15 mL），用硫酸亚铁铵溶液滴定，溶液的颜色由黄色经蓝绿色至红褐色即为终点。

$$c = 0.2500 \times 10.00/V$$

式中：c——硫酸亚铁铵标准溶液的浓度（mol/L）；

V——硫酸亚铁铵标准溶液的用量（mL）。

（2）硫酸–硫酸银溶液：于 500 mL 浓硫酸中加入 5 g 硫酸银。放置 1～2 d，不时摇动使其溶解。

（3）硫酸汞：结晶或粉末（含 Cl^- 量大）。

五、实验步骤

（1）取 20.00 mL 混合均匀的水样（或适量水样稀释至 20.00 mL）置于 250 mL 磨口的回流锥形瓶中，准确加入 10 mL 重铬酸钾标准溶液及数粒小玻璃珠或沸石，连接磨口回流冷凝管，从冷凝管上口慢慢地加入 30 mL 硫酸–硫酸银溶液，轻轻摇动锥形瓶使溶液混匀，加热回流 2 h（自开始沸腾计时）。

对于化学需氧量高的废水样，可先取上述操作所需体积的 1/10 的废水样和试剂于 15 mm × 150 mm 硬质玻璃试管中，摇匀，加热后观察是否呈绿色。如果溶液呈绿色，再适当减少废水取样量，直至溶液不变为绿色为止，从而确定废水样分析时应取用的体积。稀释时，所取废水样量不得少于 5 mL，如果化学需氧量很高，则废水样应多次稀释。废水中氯离子含量超

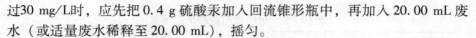

过30 mg/L时，应先把0.4 g硫酸汞加入回流锥形瓶中，再加入20.00 mL废水（或适量废水稀释至20.00 mL），摇匀。

（2）冷却后，用90.00 mL水冲洗冷凝管壁，取下锥形瓶。溶液总体积不得少于140 mL，否则因酸度太大滴定终点不明显。

（3）溶液再度冷却后，加3滴试亚铁灵指示液，用硫酸亚铁铵标准溶液滴定，溶液的颜色由黄色经蓝绿色至红褐色即为终点，记录硫酸亚铁铵标准溶液的用量。

（4）测定水样的同时，取20.00 mL重蒸馏水，按同样操作步骤做空白实验。记录滴定空白时硫酸亚铁铵标准溶液的用量。

六、计算

$$COD_{Cr}(O_2, mg/L) = 8 \times 1000(V_0 - V_1) \cdot c/V$$

式中：c——硫酸亚铁铵标准溶液的浓度（mol/L）；

　　　V_0——滴定空白时硫酸亚铁铵标准溶液用量（mL）；

　　　V_1——滴定水样时硫酸亚铁铵标准溶液用量（mL）；

　　　V——水样的体积（mL）；

　　　8——氧（1/2 O）摩尔质量（g/mol）。

七、注意事项

（1）使用0.4 g硫酸汞络合氯离子的最高量可达40 mg，如取用20.00 mL水样，即最高可络合2000 mg/L氯离子浓度的水样。若氯离子的浓度较低，也可少加硫酸汞，使保持硫酸汞：氯离子 = 10：1（W/W）。若出现少量氯化汞沉淀，并不影响测定。

（2）水样取用体积可在10.00～50.00 mL范围内，但试剂用量及浓度需按表18-1进行相应调整，也可得到满意的结果。

（3）对于化学需氧量小于50 mg/L的水样，应改用0.0250 mol/L重铬酸钾标准溶液。回滴时用0.01 mol/L硫酸亚铁铵标准溶液。

（4）水样加热回流后，溶液中重铬酸钾剩余量应以加入量的1/5～4/5为宜。

（5）用邻苯二甲酸氢钾标准溶液检测时，由于每克邻苯二甲酸氢钾的理论COD_{Cr}为1.176 g，所以溶解0.4251 g邻苯二甲酸氢钾（$HOOCC_6H_4COOK$）

应用化学综合实验

表 18 – 1　水样取用量和试剂用量

水样体积 /mL	0.2500 mol/L K₂Cr₂O₇ 溶液体积/mL	H₂SO₄ – Ag₂SO₄ 溶液体积/mL	HgSO₄ 质量/g	[(NH₄)₂Fe-(SO₄)₂]浓度 /(mo·L⁻¹)	滴定前总体积 /mL
10.0	5.0	15	0.2	0.050	70
20.0	10.0	30	0.4	0.100	140
30.0	15.0	45	0.6	0.150	210
40.0	20.0	60	0.8	0.200	280
50.0	25.0	75	1.0	0.250	350

于重蒸馏水中，转入 1000 mL 容量瓶，用重蒸馏水稀释至标线，使之成为 500 mg/L 的 COD_{cr} 标准溶液。用时新配。

(6) COD_{Cr} 的测定结果应保留 3 位有效数字。

(7) 每次实验时，应对硫酸亚铁铵标准滴定溶液进行标定，室温较高时尤其注意其浓度的变化。

实验十九　钢铁中微量镍的测定

一、实验目的

(1) 掌握分光光度法测定钢铁中镍的方法。
(2) 掌握丁二酮肟与镍的螯合条件及对干扰离子的掩蔽方法。
(3) 掌握萃取分离的基本操作方法。

二、实验原理

在氨性条件下，利用金属镍与丁二酮肟显色，最大吸收波长为 445 nm，以空白溶液为参比，使用 1 cm 比色皿，测定溶液中镍的质量浓度。

三、仪器和试剂

1. 仪器
分光光度计、容量瓶、分液漏斗、电炉。

2. 试剂

（1）0.5% 丁二酮肟的乙醇溶液、10% 柠檬酸钠溶液、饱和溴水、氯仿、浓氨水、0.5 mol/L HCl 溶液、1:3 的硫酸溶液、浓硝酸。

（2）镍标准溶液，称取 0.1000 g 纯金属镍，溶于浓硝酸中，蒸发除去氮的氧化物，冷却稀释至 1 L（或称取 0.4786 g 纯 $NiSO_4 \cdot 7H_2O$，溶于水中，加 8～12 mL 1:3 的硫酸酸化，加水稀释至 1 L）。此溶液每毫升含镍 100 μg。

吸取上述溶液 25 mL，置于 250 mL 容量瓶中，加水稀释至刻度，得镍标准溶液，每毫升含镍 10 μg。

四、实验步骤

1. 标准曲线的绘制

用移液管吸取镍标准溶液 0.0 mL、0.5 mL、1、2 mL、3 mL、4 mL、5 mL，分别置于 25 mL 容量瓶中，各加入 5 mL 0.5 mol/L HCl、3 滴饱和溴水，摇匀。边摇边滴加浓氨水至溴的颜色消失，再多加 1～2 滴，加入 0.5 mL 丁二酮肟溶液。加水稀释至刻度，摇匀。在 10 min 至 1 h 内，用 445 nm 单色光，空白溶液为参比，用 1 cm 比色皿，测定吸光度。绘制标准曲线。

2. 分析步骤

（1）称取 0.3～0.5 g 钢铁试样，溶解并定容至 50 mL。

（2）吸取 2～10 mL 试液，在分液漏斗加入 3 mL 柠檬酸钠进行掩蔽，加浓氨水，加 2 mL 丁二酮肟显色，5 mL CCl_4 萃取镍后分离，萃取液以 5 mL 0.5 mol/L HCl 反萃取 1 次。

（3）反萃取液移至 25 mL 容量瓶中，滴加饱和溴水至呈黄棕色，再滴加浓氨水至溴水颜色消失后多加 3 滴。加 0.5 mL 丁二酮肟溶液，稀释至刻度，摇匀，用 445 nm 单色光，以空白溶液为参比测定吸光度，由标准曲线查得溶液中镍的含量，然后计算试样中镍的含量。

五、实验思考

（1）显色时试剂的加入能否次序颠倒？为什么？

（2）实验中加入一定量的溴水的作用是什么？

实验二十　火焰原子吸收法测定铝及铝合金中的镁
（标准加入法）

一、实验目的

（1）了解火焰原子吸收光谱的原理和仪器构造。

（2）进一步熟悉原子吸收光谱仪器的基本操作技术。

（3）掌握标准加入法测定元素含量的分析技术。

二、实验原理

铝是典型的亲氧元素，其氧化物在火焰中难以离解，容易产生化学干扰。标准加入法的最大优点在于它能消除试样基体对测定的干扰，故通常采用标准加入法测定铝及铝合金中的杂质元素。

原子吸收法测定镁是常用的方法之一，具有快速、简单、方便、灵敏度高等特点。由于镁较易电离，通常加入消电离剂，当有化学干扰时，可加入镧盐作释放剂。标准加入法分为复加入法和单加入法两种，复加入法是制备一种由试样主体元素组成的空白溶液，在试样溶液和空白溶液中加入等量的元素配成两种加入元素的系列溶液，测定两种系列溶液的吸光度。以待测元素加入量为横坐标，相应的吸光度为纵坐标，依标准曲线法相似的方法作图可得到两条直线，将直线延长与横坐标相交，即可得到空白溶液和待测溶液中镁的含量，两者之差即为试样中镁的含量。

三、仪器和试剂

1. 仪器

原子吸收光度计、镁空心阴极灯。

2. 试剂

1：1硝酸、1：1盐酸、镁标准溶液（10 μg/mL）、锶标准溶液（10.00 mg/mL）、空白溶液［准确称取高纯铝 0.2 g 于 250 mL 烧杯中，加入少量蒸馏水，加入 1：1 盐酸 10 mL，待剧烈反应停止后滴加 1：1 硝酸使之完全溶解，煮沸除 NO_2，取下冷却，移入 50 mL 容量瓶中，以蒸馏水稀释至刻度，摇匀]。

四、试验步骤

1. 标准试样的处理

准确称取 0.25 g 高纯铝于 250 mL 烧杯中，加入少量蒸馏水，加入 1∶1 盐酸 10 mL，待剧烈反应停止后滴加 1∶1 硝酸使之完全溶解，煮沸除 NO_2，取下冷却，移入 50 mL 容量瓶中，以蒸馏水稀释至刻度，摇匀。

2. 空白和标准试样溶液的配制

吸取试样溶液 5.00 mL 4 份，分别置于 4 个 25 mL 比色管中，各加入 1 mL 锶标准溶液，于第二、三、四支比色管中分别加入 0.20 mL、0.40 mL、0.60 mL 镁标准溶液，用蒸馏水稀释至刻度，摇匀。

3. 仪器准备

将仪器各工作参数调到下列测定条件预热 20 min。

分析线：285.2 nm，灯电流：4 mA，狭缝宽度：0.1 nm，燃烧器高度：7 mm，空气流量：5 L/min，乙炔流量：1 L/min。

4. 溶液吸光度的测定

在上述仪器工作条件下，依次测定试样溶液和空白溶液的吸光度，每次测定前用蒸馏水校正。

5. 试样的测定

准确称取 0.3 ～ 0.5 g 铝合金，按标准试样处理方法，溶液配制方法（不加镁标准溶液），溶液的测定方法测定。

五、问题讨论

（1）标准加入法与标准曲线法不同，它的最大优点是能有效消除基体产生的干扰，在基体干扰较严重的情况下仍然能够得到比较准确的分析结果，但它不适用于大批量样品的分析，对大批量样品的分析速度较慢。

（2）空白试验是为了消除标准试剂中可能带入的少量待测物质的干扰。

六、注意事项

（1）铝及铝合金的分解要注意防止表面钝化使试样分解不完全。

（2）试验中使用的乙炔气体是易燃易爆危险物品，必须遵守仪器的操作规程，正确开、关机，确保人身和仪器的安全。

（3）分析结果的好坏除了仪器是否正常工作以外，样品的分解和处理也至关重要，尤其是加入的标准溶液的体积必须准确，否则标准加入曲线的线性关系不好。

实验二十一 废水中酚类的测定

一、实验目的

（1）通过实验，掌握分光光度法测定废水中酚类的原理及操作。
（2）掌握标准曲线法测定原理及条件的控制。

二、实验原理

酚类化合物于 pH = （10.0 ± 0.2）的介质中，在铁氰化钾存在下，与 4 - 氨基安替比林反应，生成橙红色的吲哚酚氨基安替比林染料，其水溶液在 510 nm 波长处有最大吸收。

用 2.0 cm 比色皿测量时，酚的最低检出浓度为 0.1 mg/L。

三、仪器和试剂

1. 仪器
500 mL 全玻璃蒸馏器、分光光度计。

2. 试剂
（1）无酚水：于 1 L 水中加入 0.2 g 经 200 ℃ 活化 0.5 h 的活性炭粉末，充分振摇后放置过夜，用双层中速滤纸过滤；或加入氢氧化钠使水呈强碱性，并滴加高锰酸钾溶液至紫红色，移入蒸馏瓶中加热蒸馏，收集馏出液备用。

注：无酚水应贮于玻璃瓶中，取用时应避免与橡胶制品（橡皮塞或乳胶管）接触。

（2）硫酸铜溶液：称取 50 g 硫酸铜（$CuSO_4 \cdot 5H_2O$）溶于水，稀释至 500 mL。

（3）磷酸溶液：量取 50 mL 磷酸（$\rho_{20\,℃} = 1.69$ g/mL），用水稀释至 500 mL。

（4）甲基橙指示液：称取 0.05 g 甲基橙溶于 100 mL 水中。

（5）苯酚标准贮备液：称取 1.00 g 无色苯酚溶于水，移入 1000 mL 容量瓶中，稀释至标线。至冰箱内保存，至少稳定一个月。

四、标定方法

（1）取 10.00 mL 苯酚贮备液于 250 mL 碘量瓶中，加水稀释至 100 mL，加 10.0 mL 0.1 mol/L 溴酸钾－溴化钾溶液，立即加入 5 mL 盐酸，盖好瓶盖，轻轻摇匀，于暗处放置 10 min。加入 1 g 碘化钾，密塞，再轻轻摇匀，放置暗处 5 min。用 0.0125 mol/L 硫代硫酸钠标准滴定溶液滴定至淡黄色，加入 1 mL 淀粉溶液，继续滴定至蓝色刚好褪去，记录用量。

（2）同时以水代替苯酚储备液作空白试验，记录硫代硫酸钠标准溶液滴定溶液用量。

（3）苯酚储备液质量浓度由下式计算：

$$c_{苯酚} = 15.68\ c(V_1 - V_2)/V$$

式中：V_1——空白实验中硫代硫酸钠标准滴定溶液用量（mL）；

V_2——滴定苯酚储备液时，硫代硫酸钠标准溶液滴定溶液用量（mL）；

V——取用苯酚储备液体积（mL）；

c——硫代硫酸钠标准滴定溶液浓度（mol/L）；

15.68——1/6 C_6H_5OH 摩尔质量（g/mol）。

（4）苯酚标准中间液：取适量苯酚储备液，用水稀释至每毫升含 0.010 mg 苯酚。使用时当天配制。

（5）溴酸钾－溴化钾标准参考溶液（$c_{1/6KBrO_3} = 0.1$ mol/L）：称取 2.784 g 溴酸钾（$KBrO_3$）溶于水，加入 10 g 溴化钾（KBr），使其溶解，移入 1000 mL 容量瓶中，稀释至标线。

（6）碘酸钾标准参考溶液（$c_{1/6KIO_3} = 0.0125$ mol/L）：称取预先经 180 ℃ 烘干的碘酸钾 0.4458 g 溶于水，移入 1000 mL 容量瓶中，稀释至标线。

（7）硫代硫酸钠标准溶液（$c_{Na_2S_2O_3 \cdot 5H_2O} \approx 0.0125$ mol/L）：称取 3.1 g 硫代硫酸钠溶于煮沸放冷的水中，加入 0.2 g 碳酸钠，稀释至 1000 mL。临用前，用碘酸钾溶液标定。

（8）淀粉溶液：称取 1 g 可溶性淀粉，用少量水调成糊状，加沸水至100 mL，冷却后，置冰箱内保存。

（9）缓冲溶液（pH 约为 10）：称取 20 g 氯化铵（NH_4Cl）溶于 100 mL 氨水中，加塞，置冰箱中保存。应避免氨挥发所引起 pH 的改变，注意在低温下保存和取用后立即加塞盖严，并根据使用情况适量配制。

（10）2%（m/V）4 - 氨基安替比林溶液：称取 4 - 氨基安替比林（$C_{11}H_{13}N_3O$）2 g 溶于水，稀释至 100 mL，置于冰箱中保存。可使用一周。固体试剂易潮解、氧化，宜保存在干燥器中。

（11）8%（m/V）铁氰化钾溶液：称取 8 g 铁氰化钾 $\{K_3[Fe(CN)_6]\}$ 溶于水，稀释至 100 mL，置于冰箱内保存，可使用一周。

五、测定步骤

1. 水样预处理

（1）量取 250 mL 水样置于蒸馏瓶中，加数粒小玻璃珠以防暴沸，再加 2 滴甲基橙指示液，用磷酸溶液调节至 pH 为 4（溶液呈橙红色），加 5.0 mL 硫酸铜溶液（如采样时已加过硫酸铜，则补加适量）。如加入硫酸铜溶液后产生较多量的黑色硫化铜沉淀，则应摇匀后放置片刻，待沉淀后，再滴加硫酸铜溶液至不产生沉淀为止。

（2）连接冷凝器，加热蒸馏，至蒸馏出约 225 mL 溶液时，停止加热，放冷。向蒸馏瓶中加入 25 mL 水，继续蒸馏至馏出液为 250 mL 为止。

蒸馏过程中，如发现甲基橙的红色褪去，应在蒸馏结束后，再加 1 滴甲基橙指示液。如发现蒸馏后残液不呈酸性，则应重新取样，增加磷酸加入量，进行蒸馏。

2. 标准曲线的绘制

于一组 8 支 50 mL 比色管中，分别加入 0 mL、0.50 mL、1.00 mL、3.00 mL、5.00 mL、7.00 mL、10.00 mL、12.50 mL 苯酚标准中间液，加水至 50 mL 标线。加 0.5 mL 缓冲溶液，混匀，此时 pH 为（10.0 ± 0.2），加 4 - 氨基安替比林 1 mL，混匀。再加 1 mL 铁氰化钾，充分混匀后，放置 10 min，立即于 510 nm 波长，用光程为 20 mm 比色皿，以水为参比，测量吸光度。经空白校正后，绘制吸光度对苯酚含量（mg/L）的标准曲线。

3. 水样的测定

分取适量的馏出液放入 50 mL 比色管中，稀释至 50 mL 标线。用与绘制标准曲线相同的步骤测定吸光度，最后减去空白实验所得吸光度。

4. 空白试验

用蒸馏水代替水样，按水样测定步骤进行测定，以其结果作为水样测定的空白校正值。

六、计算

$$c = 1000 \times m/V$$

式中：c——挥发酚（以苯酚计，mg/L）的质量浓度；

　　　m——由水样的校正吸光度，从标准曲线上查得的苯酚质量（mg）；

　　　V——移取馏出液体积（mL）。

七、注意事项

如水样含挥发酚较高，移取适量水样并加至 250 mL 进行蒸馏，则在计算时应乘以稀释倍数。

实验二十二　芳烃衍生物的高效液相色谱分析

一、目的要求

（1）进一步学习和巩固高效液相色谱分离测定的原理。

（2）掌握反相液相色谱分析的特点和应用。

（3）掌握用高效液相色谱测定芳烃衍生混合物中成分的方法。

（4）掌握 HPLC 的基本操作。

二、实验原理

许多芳烃衍生物，尽管其分子量相近，具有相同的苯环结构，但化学性质差别很大，因而用途大不相同。故对芳烃衍生物中各化合物成分的分析测定，在有机合成线路的优化、效率的评估以及衍生混合物的分离提纯等方面具有重要的指导性意义。反相高效液相色谱分析法是一种很好而快速简便的方法，能够定量分离分析测定芳烃衍生物中各化合物。

HPLC 具有分离效率好、灵敏度高、分析速度快等特点。能进入液相的

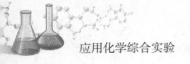

很多有机化合物都可以用这种方法来进行分离和测定。本实验采用反相 HPLC 来测定苯基衍生物。固定相为极性较弱的十八烷基酸性硅胶，在这类固定相微粒上，芳烃衍生物具有适中的吸附力，当用极性溶剂淋洗时，能得到较好的分离。苯环上烷基取代链越长，相对来说，洗脱越困难，因而保留时间就较长。样品被分离后，用紫外检测器检测，用色谱工作站对数据进行处理。

三、仪器与试剂

1. 仪器

高效液相色谱仪、紫外分光光度、HPLC 数据工作站、色谱柱（C18，4.6 mm × 15 mm）、微量进样器（10 μL）。

2. 试剂

流动相：$V_{甲醇}$: $V_水$ = 85 : 15；流动相流速：1.0 mL/min。甲醇、苯、甲苯、丁苯等均为 AR。水为二次重蒸馏水。

四、实验步骤

（1）打开稳压电源，待电源升到 220 V 并稳定后，打开高压泵、检测器及色谱数据工作站，至工作状态稳定。流动相流速调至 1.0 mL/min。

（2）调整检测器工作状态，使测定波长 λ 为 = 254 nm，灵敏度取适当值，并使基线自动校零。

（3）根据实验条件，将仪器调至进样状态，待仪器液路与电路系统达到平衡，记录基线平直时，即可进样。

（4）用注射器注入适量样品，开始淋洗，得色谱图，重复测定 2 次。

五、问题讨论

（1）在 HPLC 中，为什么可利用保留值定性？这种定性方法你认为可靠吗？

（2）本实验为什么采用反相液相色谱？

（3）HPLC 分析中流动相为何要脱气？不脱气对实验有何影响？

六、操作要点

（1）取样用的注射器一定要事先用乙醚清洗干净。
（2）用微量注射器取样时，针头朝上排尽气泡。
（3）取样体积必须准确。
（4）进样速度要快，在进行平行测定时，进样速度应尽可能一致。

七、注意事项

（1）采用标准比较法计算分析结果。
（2）利用色谱工作站求得各组分含量及分离度。
（3）必须严格按实验步骤中的说明来进行操作。

实验二十三　气相色谱法测定乙醇中 微量杂质的含量（外标法）

一、目的要求

（1）学习色谱柱的柱效测定方法。
（2）学习外标法定量的基本原理和测定有机试样中微量杂质的方法。
（3）了解高灵敏的氢火焰检测器的工作原理。

二、实验原理

乙醇中常含有少量或微量的甲醇、乙醚等杂质，这些杂质往往影响乙醇的品质、使用效果和应用领域；气相色谱法是一种很好而简便快速的测定乙醇中微量杂质的方法。因测定对象是乙醇中的微量杂质，故在本实验中不能采用灵敏度相对较低的热导池检测器，而是采用灵敏度较高的氢火焰离子化检测器来进行检测。

乙醇及其微量杂质等的分离是基于气－液分离原理，即利用每种组分在固定液中的溶解度不同来进行的。在一定条件下，各组分在两相间均有不同的分配平衡常数，各分配平衡常数的微小差异引起的分离作用，因组分在色

谱柱两相间的多次平衡作用而扩大，从而使各组分完全分离，被分离的组分随载气先后流经氢火焰离子化检测器，产生与之相应的微电流。该微电流经过放大后由记录仪记录下来，即得到分析用的色谱图。

色谱柱的柱效能是色谱柱的一项重要指标。在一定的色谱条件下，色谱柱的柱效能可用理论塔板数或理论塔板高度来衡量，在实际工作中使用有效塔板数及有效塔板高度来表示更为准确。

外标法定量是用组分的纯物质配制成已知浓度的标准样，在相同的操作条件下，分析标准样和未知样。根据组分量与相应峰面积或峰高呈线性关系，在标准样与未知样进样量相等时，计算组分的含量。

三、仪器与试剂

1. 仪器

气相色谱仪及色谱数据工作站，氢气、空气、氮气高压钢瓶。

2. 试剂

乙醚、盐酸、氢氧化钠、苯、甲苯、乙醚、甲醇、乙醇，均为 AR。

四、实验步骤

1. 实验条件

色谱柱，DNP（邻苯二甲酸二壬酯），6201 担体，氮气流量 15 mL/min，空气流量 30 mL/min，氢气流量 30 mL/min。

检测器（氢火焰离子化检测器），柱温 110 ℃，气化室温度 150 ℃，检测室温度 110 ℃。

2. 色谱柱的柱效测定

根据实验条件，将色谱仪按仪器操作规程调至待测状态，当仪器上电路和气路系统达到平衡，记录图上基线平直时，即可进样。吸取 1 μL 1 g/L 的苯和甲苯溶液进样，得苯和甲苯的色谱图，并重复两次，用 100 μL 进样器抽取 50 μL 甲烷进样，测定色谱柱的死时间。

3. 乙醇中乙醚含量的测定

取无水乙醇 5 份，每份 5 mL，分别加入纯乙醚 60 μL、120 μL、180 μL、240 μL、300 μL 配得标准溶液 5 瓶，从每瓶中吸取 0.1 μL 注入色谱仪，得各标准溶液色谱图。取含杂质的乙醇试样 5 μL，于相同条件下进行分析，得色谱图。

4. 实验完毕处理

用乙醚清洗 1 μL 注射器，退出色谱工作站，关闭 H_2 和空气钢瓶，关闭氢火焰离子化检测器及色谱仪开关，待柱箱温度降至室温后关闭载气。

五、操作要点

（1）取样用的注射器一定要事先用乙醚清洗干净。
（2）微量注射器取样时，针头朝上排尽气泡。
（3）取样体积必须准确。
（4）进样速度要快，在进行平行测定时，进样速度应尽可能一致。

六、注意事项

（1）必须严格按实验步骤中的说明来进行操作。
（2）严格遵守实验室工作和安全规则。

七、问题讨论

（1）怎样计算甲醇、乙醇和乙醚之间的分离度？
（2）用同一根色谱柱，分离不同组分，其塔板数是否一样？为什么？
（3）讨论色谱柱温度对分离的影响。

第三编 有机综合实验

实验二十四 乙酰水杨酸（阿司匹林）的合成

一、实验目的

（1）通过本实验了解乙酰水杨酸（阿斯匹林）的制备原理和方法。
（2）进一步熟悉重结晶、熔点测定、抽滤等基本操作。
（3）了解乙酰水杨酸的应用价值。

二、实验操作流程

水杨酸、醋酸酐 → 浓硫酸摇匀 → 70 ℃左右 20 min → 冷却 15 min → 抽滤 洗涤 → 粗产物 →

乙酸乙酯 沸石 → 加热 回流 → 趁热过滤 → 冷却 抽滤 → 洗涤 干燥 → 乙酰水杨酸 →

→ 测熔点

三、实验原理

乙酰水杨酸，即阿斯匹林（aspirin），是 19 世纪末合成成功的，作为一种有效的解热止痛、治疗感冒的药物，至今仍被广泛使用。有关报道表明，人们正在发现它的某些新功能，水杨酸可以止痛，常用于治疗风湿病和关节炎。它是一种具有双官能团的化合物，一个是酚羟基，一个是羧基，羧基和羟基都可以发生酯化，而且还可以形成分子内氢键，阻碍酰化和酯化反应的发生。合成阿司匹林主要试剂和产品的物理常数见表 24 – 1。

表24-1 主要试剂和产品的物理常数

名　称	分子量	熔点或沸点	水	醇	醚
水杨酸	138	158（s）	微溶	易溶	易溶
醋酐	102.09	139.35（1）	易溶	溶	互溶
乙酰水杨酸	180.17	135（s）	溶、热溶	溶	微溶

　　阿斯匹林是由水杨酸（邻羟基苯甲酸）与醋酸酐进行酯化反应而得的。水杨酸可由水杨酸甲酯，即冬青油（由冬青树提取而得）水解制得。本实验就是用邻羟基苯甲酸（水杨酸）与乙酸酐反应制备乙酰水杨酸。反应式为：

$$\text{（水杨酸）} + (CH_3CO)_2O \xrightarrow{\text{浓}H_2SO_4} \text{（乙酰水杨酸）} + CH_3COOH$$

副反应：

$$2 \text{（水杨酸）} \xrightarrow{\Delta} \text{（产物）} + H_2O$$

$$\text{（乙酰水杨酸）} + \text{（水杨酸）} \xrightarrow{\Delta} \text{（产物）} + H_2O$$

63

四、药品与仪器

1. 药品
水杨酸、乙酸酐、浓硫酸、乙酸乙酯。
2. 仪器
50 mL 圆底烧瓶、循环水泵、抽滤瓶、布氏漏斗、250 mL 圆底烧瓶、直形冷凝管、TX_4 熔点测定仪、台秤。

五、实验步骤

（1）在 50 mL 圆底烧瓶中，加入干燥的水杨酸 7.0 g（0.050 mol）和新蒸的乙酸酐 10 mL（0.100 mol），再加 10 滴浓硫酸，充分摇动。水浴加热，待水杨酸全部溶解，保持瓶内温度在 70 ℃左右，维持 20 min，并经常摇动。稍冷后，在不断搅拌下倒入 100 mL 冷水中，并用冰水浴冷却 15 min，抽滤，冰水洗涤，得乙酰水杨酸粗产品。

（2）将粗产品转至 250 mL 圆底烧瓶中，装好回流装置，向烧瓶内加入 100 mL 乙酸乙酯和 2 粒沸石，加热回流，进行热溶解。然后趁热过滤，冷却至室温，抽滤，用少许乙酸乙酯洗涤，干燥，得无色晶体状乙酰水杨酸，称重，计算产率。测熔点。

乙酰水杨酸熔点：135 ℃。

六、存在的问题与注意事项

（1）热过滤时，应该避免明火，以防着火。

（2）为了检验产品中是否还有水杨酸，利用水杨酸属酚类物质可与三氯化铁发生颜色反应的特点，取几粒结晶加入盛有 3 mL 水的试管中，加入 1～2 滴 1% $FeCl_3$ 溶液，观察有无颜色反应（紫色）。

（3）产品乙酰水杨酸易受热分解，因此熔点不明显，它的分解温度为 128～135 ℃。因此重结晶时不宜长时间加热，控制水温，产品采取自然晾干。用毛细管测熔点时宜先将溶液加热至 120 ℃左右，再放入样品管测定。

（4）仪器要全部干燥，药品也要事先经干燥处理，醋酐要使用新蒸馏的，收集 139～140 ℃的馏分。

（5）本实验中要注意控制好温度（水温 90 ℃）。

（6）产品用乙醇－水或苯－石油醚（60～90 ℃）重结晶。

七、深入讨论

1. 乙酰水杨酸其他制备方法

在干燥的锥形瓶中放入称量好的水杨酸（2 g 或 0.045 mol）、乙酸酐（5.4 g 或 0.053 mol），滴入 5 滴浓硫酸，轻轻摇荡锥形瓶使溶解，在 80～90 ℃水浴中加热约 15 min，从水浴中移出锥形瓶，当内容物温热时慢慢滴入 3～5 mL 冰水，此时反应放热，甚至沸腾。反应平稳后，再加入 40 mL 水，用冰水浴冷却，并用玻棒不停搅拌，使结晶完全析出。抽滤，用少量冰水洗涤两次，得阿斯匹林粗产物。

将阿斯匹林的粗产物移至另一锥形瓶中，加入 25 mL 饱和 $NaHCO_3$ 溶液，搅拌，直至无 CO_2 气泡产生，抽滤，用少量水洗涤，将洗涤液与滤液合并，弃去滤渣。

先在烧杯中放大约 5 mL 浓盐酸并加入 10 mL 水，配好盐酸溶液，再将上述滤液倒入烧杯中，阿斯匹林复沉淀析出，冰水冷却令结晶完全析出，抽滤，冷水洗涤，干燥。

2. 阿斯匹林的鉴定

（1）外观及熔点。纯乙酰水杨酸为白色针状或片状晶体，熔点为 135～136 ℃，但由于它受热易分解，因此熔点难测准。

（2）各种谱图见图 24 - 1 至图 24 - 3。

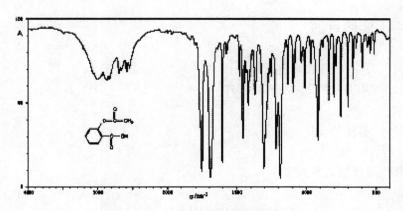

图 24 - 1　乙酰水杨酸的红外光谱

应用化学综合实验

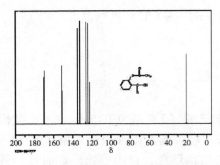

图 24 -2　乙酰水杨酸的核磁共振碳谱

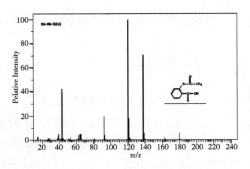

图 24 -3　乙酰水杨酸的质谱

八、思考题

（1）为什么使用新蒸馏的乙酸酐？
（2）加入浓硫酸的目的是什么？
（3）为什么控制反应温度在 70 ℃左右？
（4）怎样洗涤产品？
（5）乙酰水杨酸还可以使用溶剂进行重结晶？重结晶时需要注意什么？
（6）熔点测定时需要注意什么问题？

实验二十五　乙酸异戊酯的合成

一、实验目的

（1）学习香蕉水的合成。
（2）学习酯化反应及蒸馏操作。

二、实验原理

其化学反应方程式如下：

$$CH_3-\overset{O}{\overset{\|}{C}}-OH+HO-CH_2CH_2-\overset{}{\underset{CH_3}{CH}}-CH_3 \xrightarrow{H_2SO_4} CH_3-\overset{O}{\overset{\|}{C}}-OCH_2CH_2-\overset{CH_3}{\underset{CH_3}{CH}} +H_2O$$

66

三、药品与仪器

1. 药品

异戊醇、冰乙酸、浓硫酸、碳酸氢钠、氯化钠、硫酸镁。

2. 仪器

50 mL 圆底烧瓶、直形冷凝管、接液管、锥形瓶、50 mL 分液漏斗、台秤。

四、实验操作

（1）向干燥的烧瓶中加入 18 mL（14.6 g，0.166 mol）异戊醇和 24 mL（24 g，0.4 mol）冰乙酸，慢慢加入 4 mL 浓硫酸和几根一端封口的毛细管，将反应物加热回流 1 h，冷却到 10 ℃ 左右。

（2）将冷却的反应混合物倒入 250 mL 分液漏斗中，振摇分液漏斗，乙酸异戊酯积累在水层上面。小心地加入 55 mL 冷水，用 10 mL 冷水淋洗反应瓶并将淋洗液倾入分液漏斗中，用一搅棒将物料混合一下，塞住分液漏斗，振摇一会，将下层水溶液与上层有机液分开。

（3）小心向分液漏斗的有机层中加入 30 mL 5% 碳酸氢钠溶液，缓缓旋摇分液漏斗，直至二氧化碳气体不再放出，放出下层，并对它进行检验看其是否对石蕊呈碱性，若不呈碱性，再用几份每份为 30 mL 的 5% 的碱重复上述操作直至水溶液呈碱性。弃去碱性洗液并用一份 25 mL 的水萃取有机层，加入 5 mL 饱和氯化钠水溶液以助分层，缓慢搅拌混合物，静置，小心地分出下层水层，从分液漏斗顶部将酯倾入烧瓶中，加入约 2 g 无水硫酸镁来干燥酯。

（4）装配一套简单的蒸馏装置，使用时，所有仪器均需干燥，将酯倾入蒸馏烧瓶中，加入几根一端封口的毛细管，将酯进行蒸馏，接收器要冷却在冰浴中，收集 134 ～ 141 ℃ 的馏分。称量产物的质量并计算产物的产率。

五、思考题

（1）在分液漏斗中分液时，为什么要加入饱和食盐水？

（2）加入碳酸氢钠的目的是什么？

（3）酯化时有哪些副反应？为什么要蒸馏？

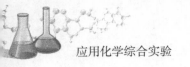

实验二十六　二苯酮的光化学还原

一、实验目的

（1）学习二苯酮的光化学还原反应。
（2）了解光化学反应的基本原理。

二、实验原理

二苯酮的光化学还原反应方程式如下：

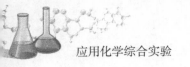

三、药品与仪器

1. 药品
二苯酮、2 – 丙醇、冰醋酸。
2. 仪器
20 mL 试管、循环水泵、抽滤瓶、布氏漏斗、TX$_4$ 熔点测定仪、台秤。

四、实验操作

（1）取 20 mL 试管 2 只，在管顶附近标以 1 号和 2 号标签，取 2.5 g 二苯酮于第一支试管中，向每一试管加入约 10 mL 2 – 丙醇并将第一支试管置蒸汽浴上温热使固体溶解。

（2）当固体溶解后，向每一试管加入冰醋酸 1 滴，然后向每一试管注入更多的 2 – 丙醇直至接近管顶。用橡皮塞将试管塞紧，将其充分摇匀，然后置试管于窗台上的烧杯中，它们可在该处接受阳光直射。反应的完成将需一周左右。如反应在这段时间里已经发生，产物将呈晶体从溶液中析出。

（3）观察每一试管中的结果，真空过滤收集产物，干燥，测定熔点和计算百分产率。

五、思考题

能否想出一个不通过二苯酮的光化学还原反应得到苯频哪醇的方法？

实验二十七　一种洗涤剂的合成

一、实验目的

（1）掌握高级醇硫酸酯盐型阴离子表面活性剂的合成原理和合成方法。
（2）了解高级醇硫酸酯盐型阴离子表面活性剂的主要性质和用途。

二、实验原理

十二烷醇硫酸酯盐型阴离子表面活性剂的合成方法如下：
$$C_{12}H_{25}OH + ClSO_3H \longrightarrow C_{12}H_{25}OSO_3H + HCl$$

三、药品与仪器

1. 药品
月桂醇、氢氧化钠、氯磺酸、冰乙酸、正丁醇、碳酸钠。
2. 仪器
台秤、分液漏斗、烧杯、量筒、温度计。

四、实验步骤

（1）在通风橱内，将 9.5 mL 冰乙酸小心地放入 1 个清洁干燥的烧杯中，在冰浴上冷却后，向烧杯内加入 3.5 mL 氯磺酸（氯磺酸使用时要小心），再把烧杯放回到通风橱内，又在冰浴中冷却盛有氯磺酸及冰醋酸的烧杯。

（2）在 5 min 内慢慢地将 10 mL 十二烷醇加入到冷却的氯磺酸及冰乙酸中，搅拌 30 min，直至所有的醇溶解及反应完毕。若 25 min 后还有醇未完全溶解，则把烧杯从冰浴中取出，置于室温下搅拌 10 min，反应完毕，把烧杯中的物质小心地倒入盛有 30 g 碎冰的另一烧杯中。

（3）再将 30 mL 正丁醇加到碎冰和产物的混合物中，搅拌 3 min，在剧烈搅拌下，慢慢地加入 6 mL 碳酸钠饱和溶液，经红色石蕊试纸检验呈碱性后，再加入 10 g 无水碳酸钠。

（4）将溶有洗涤剂的正丁醇溶液层倒入 250 mL 烧杯中，再加 20 mL 正丁醇于烧杯中搅拌，把正丁醇溶液层并入分液漏斗中，静置分层，然后放出分液漏斗中的水。把正丁醇溶液从上口倒入一个干燥的 400 mL 的烧杯中，小火蒸发至干，冷却即可得到产品。把该洗涤剂放入一个贴有标签并预先称量的小瓶中称量，计算产率。

五、思考题

（1）硫酸酯盐型阴离子表面活性剂有哪几种？写出结构式。
（2）高级醇硫酸酯盐有哪些特性和用途？

实验二十八　脲醛树脂的合成

一、实验目的

（1）学习脲醛树脂的合成原理。
（2）掌握脲醛树脂的合成方法。

二、实验原理

1. 合成原理

由于尿素和甲醛的反应相当复杂，脲醛树脂的形成机理目前尚无定论，一般认为与酚醛树脂相似，先由尿素与甲醛在中性或弱碱性介质中进行亲核加成反应生成羟甲脲，然后加成生成的一羟甲脲、二羟甲脲在酸性介质中互相缩聚成线型结构的初期脲醛树脂。

2. 固化机理

脲醛树脂胶的催化是在酸性条件下进行的，而酸性条件往往是加入酸性催化剂后形成的，最常使用的酸性催化剂是氯化铵，在酸性介质中，这种线型树脂还可进一步缩合成体型结构的树脂，这就是脲醛树脂胶黏剂的固化过程。

三、药品与仪器

1. 药品

甲醛溶液（37%）、浓氨水、尿素、氢氧化钠、氯化铵。

2. 仪器

250 mL 三颈烧瓶、电动搅拌器、直形冷凝管、温度计、水浴锅。

四、实验步骤

（1）在 250 mL 的三颈烧瓶中，分别装上电动搅拌器、水冷凝管和温度计，并把三颈烧瓶置于水浴中。检查装置后，于三颈烧瓶内加入 30 mL 的甲醛溶液（37%），开动搅拌器。

（2）用环六亚甲基四胺（约 0.9 g）或浓氨水（约 1.5 mL）调至 pH 为 7.5～8.0，慢慢加入全部尿素的 95%（约 11.4 g），待尿素全部溶解后（稍热至 20～25 ℃），缓缓升温至 60 ℃，保温 15 min，然后升温至 97～98 ℃，加入余下 5% 的尿素（约 0.6 g），保温反应约 1 h，在此期间，pH 降到 5.5～6；检查到终点后，降温到 50 ℃以下。

（3）取出 5 mL 胶黏液留作黏结用后，其余的产物用氢氧化钠溶液调至 pH 为 7～8，出料密封于玻璃瓶中。于 5 mL 的脲醛树脂中加入适量的氯化铵固化剂，充分搅匀后均匀涂于表面干净的两块平整的小木板条上，然后让其吻合并于上面加压过夜便可黏结牢固。

五、思考题

（1）根据脲醛树脂的合成原理，说明体系的 pH 对产物性能的影响。

（2）为什么要严格控制合成反应的温度？温度过高有什么影响？

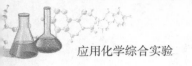

实验二十九　香豆素的合成

一、实验目的

（1）掌握 W. Perkin 反应原理和芳香族羟基内酯的制备方法。
（2）进一步掌握真空蒸馏的原理和操作技术及空气冷凝管的使用方法。

二、实验原理

香豆素的合成反应方程式如下：

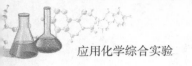

图中反应：水杨醛 + (CH₃CO)₂O ——乙酸钠——→ 香豆素 + CH₃COOH+H₂O

三、药品与仪器

1. 药品
58%水杨醛、乙酸酐、碳酸钠、乙醇。

2. 仪器
电动搅拌器、米格分馏柱、250 mL 三口烧瓶、直形冷凝管、真空泵、温度计、台秤。

四、实验步骤

（1）在装有电动搅拌器、温度计、米格分馏柱（和其相连的直形冷凝管）的 250 mL 三口烧瓶中加入 30 mL 含量为 58% 的水杨醛溶液、50 g 乙酸酐、2 g 碳酸钠及沸石后加热至沸，控制馏出物温度在 120～125 ℃之间，此时反应物温度在 180 ℃左右。

（2）当无馏出物时，将体系稍冷再分 3 次加入 25 g 乙酸酐后加热，馏出温度仍然控制在 120～125 ℃，继续加热，当反应温度升至 210 ℃时停止加热，反应结束，趁热将反应物倒入烧杯，用含量为 10% 的碳酸钠溶液洗至产物的 pH 为 7。

（3）在真空蒸馏装置中加入上述粗品，进行真空蒸馏，先蒸出前馏分，然后在 $1.33 \times 10^3 \sim 1.999 \times 10^3$ Pa 条件下取 $140 \sim 150$ ℃留分，即为香豆素。再将香豆素用 1∶1 热乙醇水溶液重结晶 2 次，得白色晶体即为纯品，称重，并计算产率。

五、思考题

制香豆素有几种方法？反应物温度对产物有何影响？

实验三十　相转移催化法合成扁桃酸

一、实验目的

（1）掌握扁桃酸的制备方法。
（2）了解加成和重排的反应原理。
（3）学习掌握重结晶的实验方法。

二、实验原理

合成方法采用在 TEBA（三乙基苄基氯化铵）和氢氧化钠作用下，氯仿生成二氯卡宾；二氯卡宾与苯甲醛的醛基加成，经重排，水解得到扁桃酸，其反应方程如下：

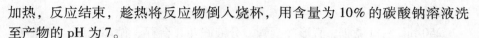

三、药品与仪器

1. 药品

苯甲醛、三乙基苄基氯化铵、氯仿、氢氧化钠、乙醚、甲苯。

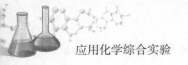

2. 仪器

250 mL 三口烧瓶、直形冷凝管、分液漏斗、台秤、循环水泵、抽滤瓶、布氏漏斗。

四、实验步骤

将 10.6 g 苯甲醛、1.1 g 三乙基苄基氯化铵在三口瓶混合后，再加入 16 mL 氯仿，水浴加热，于搅拌下慢慢滴加含量为 50% 的氢氧化钠水溶液 25 mL（每分钟 1～2 滴，水浴温度维持在 56 ℃左右，约需 2 h），加完后，在此温度下继续搅拌 1 h，反应液冷却后用水稀释。水溶液用乙醚提取 2 次，分出的水层用含量为 50% 的硫酸酸化，再用乙醚提取，合并提取液，用无水硫酸钠干燥，蒸除乙醚，剩余油状物冷却固化，用甲苯重结晶，得到产物，称量并计算产物收率。

五、思考题

（1）为什么要慢慢滴加氢氧化钠？
（2）为什么要采用甲苯重结晶？

实验三十一 洗发香波的配制

一、实验目的

（1）掌握配制洗发香波的工艺。
（2）了解洗发香波中各组分的作用和配方原理。

二、实验原理

洗发香波是洗发用化妆洗涤用品，是一种以表面活性剂为主的加香产品。这里介绍两种常用的洗发香波的配方。

1. 透明液体香波的配方（表31-1）

表31-1　透明液体香波的配方

名　称	含量
含量为33%的三乙醇胺月桂基硫酸盐	45%
椰子单乙醇酰胺	2%
香精、色素、防腐剂	适量
蒸馏水	加至100%

2. 液露香波的配方（表31-2）

表31-2　液露香波的配方

名　称	含量
月桂基硫酸钠	25%
聚乙二醇（400）二硬脂酸酯	5%
硬脂酸镁	2%
脂肪酸烷醇酰胺、香精	适量
蒸馏水	加至100%

三、药品与仪器

1. 药品

脂肪醇聚氧乙烯醚硫酸钠、脂肪醇二乙醇酰胺、硬脂酸乙二醇酯（珠光剂）、十二烷基苯磺酸钠、十二烷基二甲基甜菜碱、聚氧乙烯三梨醇酐单酯、羊毛酯衍生物、柠檬酸、氯化钠、香精、色素。

2. 仪器

电炉、水浴锅、电动搅拌器、温度计、烧杯、量筒、台秤。

四、实验步骤

（1）将去离子水称量后加入250 mL烧杯中，将烧杯放入水浴锅中加热至60 ℃。

（2）控制温度在60～65 ℃，加入主表面活性剂搅拌至全部溶解。

（3）控温在 60～65 ℃，在连续搅拌下加入其他表面活性剂至全部溶解，再加入羊毛酯、珠光剂或其他助剂，缓慢搅拌使其溶解。

（4）降温至 40 ℃以下，加入香精、防腐剂、染料、螯合剂等，搅拌均匀。

（5）测 pH，用柠檬酸调节 pH 为 5.5～7.0。

（6）接近室温时加入食盐调节到所需黏度，并用黏度计测定香波的黏度。

五、思考题

（1）洗发香波配方的原则有哪些？

（2）配制洗发香波的主要原料有哪些？为什么必须控制香波的 pH？

（3）可否用冷水配制洗发香波？如何配制？

实验三十二　彩色固体酒精的制备

一、实验目的

（1）了解固体酒精制备的基本原理。

（2）掌握彩色固体酒精的常规制备方法。

二、实验原理

硬脂酸与氢氧化钠混合后将发生如下反应：

$$C_{17}H_{35}COOH + NaOH = C_{17}H_{35}COONa + H_2O$$

反应生成的硬脂酸钠是一个长碳链的极性分子，室温下在酒精中不易溶，在较高的温度下，硬脂酸钠可以均匀地分散在液体酒精中，而冷却后则形成凝胶体系，使酒精分子被束缚于相互连接的大分子之间，呈不流动状态而使酒精凝固，形成了固体状态的酒精。添加少量不同的无机盐类（如硝酸铜、硝酸钴）可以改变固体酒精的火焰颜色和外观色泽（分别可得到蓝绿色和浅紫色的固体酒精）。

三、实验仪器与药品

（1）实验仪器：电动搅拌器、电子节能控温仪、水浴锅、三颈烧瓶、回流冷凝管等。

（2）实验药品：酒精（工业品）、硬脂酸（工业品）、氢氧化钠（分析纯）、酚酞（指示剂）、硝酸铜（分析纯）、硝酸钴（分析纯）。

四、实验步骤

1. 方案（一）

1）试剂配制

用蒸馏水将硝酸铜配成 10% 的水溶液，备用；将氢氧化钠配成 8% 的水溶液，然后用工业酒精稀释成 1∶1 的混合溶液，备用；将 1 g 酚酞溶于 100 mL 60% 的工业酒精中，备用。

2）取试剂制取

（1）分别取 5 g 工业硬脂酸、100 mL 工业酒精和两滴酚酞置于 150 mL 的三颈烧瓶中，水浴加热，搅拌，回流。维持水浴温度在 70 ℃ 左右，直至硬脂酸全部溶解。

（2）马上滴加事先配好了的氢氧化钠混合溶液，滴加速度先快后慢，滴至溶液颜色由无色变为浅红又马上褪掉为止。继续维持水浴温度在 70 ℃ 左右，搅拌，回流。

（3）反应 10 min 后，一次性加入 2.5 mL 10% 的硝酸铜溶液再反应。

（4）反应 5 min 后，停止加热，冷却至 60 ℃，再将溶液倒入模具中，自然冷却后得嫩蓝绿色的固体酒精。

说明：若将③中的硝酸铜溶液换成 0.5 mL 10% 硝酸钴溶液，可得浅紫色的固体酒精。

2. 方案（二）

（1）配制 10% 的硝酸铜溶液和 10% 的硝酸钴溶液。

（2）将 95% 的酒精 100 mL 分成两份置于烧杯中，一个烧杯中加入 7 g 硬脂酸，另一个烧杯中加入 2 g 氢氧化钠。

（3）将两烧杯分别置于 60 ℃ 的恒温水浴锅中，加热并搅拌至固体全部溶解。

（4）恒温 60 ℃ 时，将装有氢氧化钠的酒精溶液慢慢倒入硬脂酸酒精溶

液中并搅拌溶液至全部溶解；加入 2.5 mL 10% 硝酸铜溶液。

（5）反应一段时间后，将制得的溶液装到培养皿中，冷却得到蓝绿色固体酒精。

说明：若将（4）中的硝酸铜溶液换成 0.5 mL 10% 硝酸钴溶液，可得浅紫色的固体酒精。

五、思考题

（1）固体酒精的燃料性能如何评价？

（2）制备固体酒精常用的固化剂有哪些？

（3）提高固体酒精产品的质量有什么措施和方法？

第四编 化工技术综合实验

实验三十三 液膜分离

一、实验目的

(1) 掌握液膜分离技术的操作过程。
(2) 了解两种不同的液膜传质机理。

二、实验原理

液膜分离技术是近 30 年来开发的技术，该技术集萃取与反萃取于一个过程中，可以分离浓度比较低的液相体系。此技术已在湿法冶金、提取稀土金属、石油化工、生物化工、"三废"处理等领域得到应用。

(1) 液膜分离是将第三种液体展成膜状以分隔另外两相液体（内相、外相），由于液膜的选择性透过，外相中的某些成分透过液膜进入内相，实现料液（外相）中组分的分离。

(2) 本实验以 0.1 mol/L 醋酸水溶液为外相（料液），通过液膜使醋酸与水分离。以 2 mol/L NaOH 水溶液作为内相（接受相），选用煤油和 T152 浮化剂为第三种液体，展成油性液膜，先将液膜（煤油和 T152）与内相在高速剪切搅拌下乳化，成为稳定的油包水（W/O）型乳状液，然后将该乳状液分散于含醋酸的水溶液中。外相中的醋酸以一定的方式透过液膜向内相迁移，与内相的 NaOH 反应生成 NaAc 并保留在内相，然后乳液与外相分离，经过破乳，得到内相中高浓度的 NaAc，而液膜可重复使用。

三、实验步骤

(1) 制液膜（液膜 1#）：按煤油 90%、T152 乳化剂 5%、TBP（磷酸三丁酯）5% 的比例（其中煤油 70 mL、T152 4 mL、TBP 4 mL），在 250 mL 的烧杯中加入上述试剂并搅拌均匀，然后在 5000 ～ 7000 r/min 的转速下滴加

2 mol/L NaOH 水溶液 70 mL（约 1 min 加完），在此转速下搅拌 3 ～ 5 min，待形成稳定乳状液后停止搅拌，待用。

（2）在传质釜中加入 0.1 mol/L 醋酸水溶液（外相）450 mL，在约 350 r/min 的搅拌速度下加入上述乳液 90 mL，进行传质实验，在时间为 2 min、6 min、12 min、18 min 时取外相 3 ～ 5 mL，进行精确分析（到时间后，先停止搅拌，待澄清后放出外相 3 ～ 5 mL，取 2 mL 分析）。

（3）准确移取 2 mL 外相，加水 10 mL 稀释，用 0.01 mol/L NaOH 标定，以酚酞作指示剂。实验完成后停止搅拌，放出釜中液体，洗净待用。

（4）取 1 mL 0.1 mol/L 醋酸水溶液（外相），加水 10 mL 稀释，用 0.01 mol/L NaOH 标定，测定醋酸水溶液（外相）的浓度。

（5）收集经沉降澄清后的上层乳液，采用砂芯漏斗抽滤破乳，破乳得到的膜相返回至制乳工序，内相 NaAc 则进一步进行精制回收。

四、实验仪器及试剂

（1）高速分散机、反应釜。

（2）2 mol/L NaOH 水溶液、0.1 mol/L 醋酸水溶液、0.0100 mol/L 的 NaOH。

五、数据记录及处理

数据记录及处理见表 33 – 1。

表 33 – 1　数据记录及处理

取样时间/min	0	2	6	12	18	24
外相 HAc 浓度/（mol · L^{-1}）						
HAc 脱除率/%						

1. 外相中 HAc 浓度 c_{HAc}

$$c_{HAc} = \frac{c_{NaOH} \cdot V_{NaOH}}{V_{HAc}}$$

2. 醋酸脱除率 η

$$\eta = \frac{c_0 - c_t}{c_0} \times 100\%$$

其中：c_0 为未反应时浓度，以酚酞作指示剂。

c_t 为反应中醋酸浓度，t 为反应时间。

实验三十四　圆盘塔中二氧化碳吸收的液膜传质系数测定

一、实验目的

（1）掌握气液吸收过程液膜传质系数的测定方法。
（2）了解圆盘塔的结构及操作。
（3）根据实验数据求出液膜传质系数与液流速率之间的关系式。

二、实验原理

（1）传质系数的测定方法有两种：动力法和静力法。动力法是在一定条件下，当气、液两相处于逆向流动状态下，测定其传质系数，此方法无法探讨传质过程机理。

圆盘塔液膜传质系数测定是基于动力法原理，并进行改进，其差异在于液相处于流动状态，而气体在测定时处于不流动的封闭系统中，改进后简化了实验手段和实验数据的处理，减少了操作过程产生的误差。

（2）圆盘塔：根据不稳定传质理论，液体从一个圆盘流至另一个圆盘时，类似于填充塔中液体从一个填料流至下一个填料，液体表面处于不断更新之中，使气－液界面较大，液体在圆盘表面展开，接触面积大，表面不断更新。

（3）根据 Sherwood 及 Hollowage 有关填充塔液膜传质系数关联式：

$$\frac{K_L}{D}\left(\frac{\mu^2}{g\rho^2}\right)^{\frac{1}{3}} = a \cdot \left(\frac{4\Gamma}{\mu}\right)^m \cdot \left(\frac{\mu}{\rho D}\right)^{0.5}$$

对圆盘塔吸收，关联式为

$$\frac{K_L}{D}\left(\frac{\mu^2}{g\rho^2}\right)^{\frac{1}{3}} = 3.22 \times 10^{-3} \times \left(\frac{4\Gamma}{\mu}\right)^{0.7} \cdot \left(\frac{\mu}{\rho D}\right)^{0.5}$$

式中:液流速率 $\Gamma = \dfrac{\rho L}{l}$。

温度一定时，D、μ、ρ 一定，可得 $\lg K_L = A \lg \Gamma + B$ 为直线关系。

（4）基于双膜理论：

$$N_A = K_L \cdot F \cdot \Delta c_m = K_G \cdot F \cdot \Delta p_m，气体吸收速率 \ N_A = \frac{pV_{CO_2}}{SRT}$$

则

$$K_L = N_A / F \cdot \Delta c_m$$

三、实验装置

实验装置见图34-1。

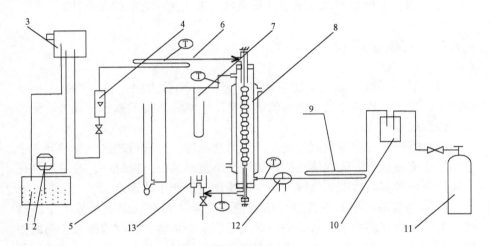

图34-1 实验装置及流程

1-水槽；2-泵；3-高位槽；4-转子流量计；5-测量管；6、7-温度测量；8-圆盘塔；9、10、11、12-二氧化碳钢瓶、微调等；13-液封器

四、实验步骤

（1）开启二氧化碳钢瓶，调减压阀为 $0.10 \sim 0.15$ Mpa（可保证塔内为常压），调节二氧化碳进气微调阀，三通阀打到置换，使气体进入塔底自下而上由塔顶出来，经皂膜流量计后排空。一般经 10 min 置换，即可着手进行测定。

（2）开启恒温槽，调节温度比室外温度高 $1 \sim 3$ ℃，由水泵将恒温水注入圆盘塔的隔套层，使恒温水不断地循环流动。

（3）开启高位槽进水泵，当吸收液由高位槽溢流口开始溢出，调节转子流量计，使吸收液的流量稳定在 4～14 L/h。调节琵琶形液封器，使圆盘塔中心管的液面保持在喇叭口处。

（4）当液相的流量、温度，气相温度和隔套中的恒温水温度达到稳定设定值后，即可进行测定。实验操作是在常压下以 CO_2 的体积变化来测定液膜传质系数，当皂膜流量计鼓泡、皂膜至某一刻度时，切换三通至测量，此时塔体至皂膜流量计形成一个封闭系统，随着吸收液液膜不断更新，塔内 CO_2 的体积也随之变小，皂膜流量计中的皂膜开始下降，记录每吸收 20 mL 气体所需的时间，每次平行测 3 次，取平均值。

（5）改变液体流量（可取流量为 4 L/h、6 L/h、8 L/h、10 L/h、12 L/h、14 L/h），继续如上的操作，测 6～8 次。

五、数据记录与处理

1. 数据记录（表 34 –1）

表 34 –1　实验数据记录

序号	液体流量/ $(L \cdot h^{-1})$	CO_2 吸收量/mL	吸收速率 $\Delta V = \dfrac{mL}{S}$	吸收时间/s				液相温度/℃		气相温度/℃		水夹套温度/℃	
				S_1	S_2	S_3	$\bar{S}$	进	出	进	出	进	出
1													
2													
3													
4													
5													
6													

2. 数据处理

液流速率 Γ [kg/ (m · h)] 的计算：$\Gamma = \dfrac{\rho L}{l}$

气体吸收速率 N_A（mol/h）的计算：$N_A = \dfrac{p V_{CO_2}}{SRT}$

液相浓度的平均推动力 Δc_m（mol/m³）的计算：$\Delta c_m = \dfrac{\Delta c_i - \Delta c_0}{\ln \dfrac{\Delta c_i}{\Delta c_0}}$

六、实验结果及讨论

（1）以一组实验数据为例，列式计算液相传质系数及液流速率。

（2）绘制 $\lg K_L - \lg \Gamma$ 图，并整理出 K_L 与 Γ 的关系式。

（3）讨论本实验中 CO_2 流量的变化对 K_L 有无影响，为什么？

实验三十五　共沸精馏

一、实验目的

（1）通过实验加深对共沸精馏过程的理解。

（2）熟悉精馏设备的构造，掌握精馏的操作方法。

（3）能够对精馏过程做全塔物料衡算。

二、实验原理

（1）乙醇－水系统加入共沸剂苯以后可形成 4 种共沸物，即乙醇－水－苯（T）、乙醇－苯（AB）、苯－水（BW）和乙醇－水（AW）。其中除乙醇－水二元共沸物的沸点与乙醇沸点相近之外，其余 3 种共沸物的沸点与乙醇沸点均有 10 ℃左右的温度差。因此，可以设法使水和苯以共沸物的方式从塔顶分离出来，塔釜则得到无水乙醇。见表 35 － 1、表 35 － 2。

表 35 － 1　乙醇－水－苯三元共沸物性质

共 沸 物	共沸点/℃	共沸物组成（含量）/%		
		乙醇	水	苯
乙醇－水－苯（T）	64.85	18.5	7.4	74.1
乙醇－苯（AB）	68.24	32.37	0.0	67.63
苯－水（BW）	69.25	0.0	8.83	91.17
乙醇－水（AW）	78.15	95.57	4.43	0.0

表 35 – 2　乙醇、水、苯的常压沸点

物质名称	乙醇（A）	水（W）	苯（B）
沸点温度/℃	78.3	100.0	80.2

（2）整个精馏过程可以用图 35 – 1 说明。图中 A、B、W 分别代表乙醇、苯、水。要想得到无水乙醇，就应该保证原料液的组成落在包含顶点 A 的小三角形内，并且从沸点上看，乙醇 – 水的共沸点和乙醇的沸点仅差 0.15 ℃，就本实验的技术条件无法将其分开。而乙醇 – 苯的共沸点与乙醇的共沸点相差 10.06 ℃，很容易将它们分离开来，所以分析的最终结果是将原料液的组成控制在 △$_{ATAB}$ 中。

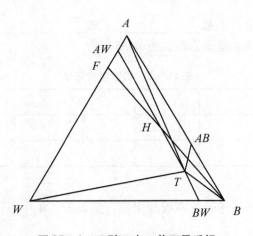

图 35 – 1　乙醇 – 水 – 苯三元系相

H 点处苯的加入量称为理论共沸剂用量，是达到分离目的所需最少的共沸剂量。实验中加入的苯量要在理论用量基础上适当增加。

三、实验步骤

（1）称取 100 g 95% 乙醇、55 g 苯加入塔釜。

（2）通入冷却水，打开电源开关，开始塔釜加热。先调加热套预热至 150 ℃，再升至 200 ℃。

（3）当塔顶有液体滴下，先全回流 5～10 min，再调至 R（回流比）=3～4。

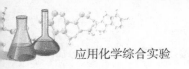

若塔顶馏出物由混浊变清，调 $R = 4 \sim 6$；若塔顶温度升高超过 70 ℃，加大回流比为 6，超过 73 ℃ 则停止出料。

（4）适当调节填料塔的上、下段保温电流，控制电流 I 为 0.3 A，使全塔处在正常操作范围。控制塔顶、塔釜温度，塔顶温度 63 ～ 70 ℃，塔釜温度 76 ～ 80 ℃。

（5）每隔 10 min 记录一次塔顶和塔釜的温度，每隔 20 min 分析塔釜组成，当釜液浓度达到 99.5% 以上时，停止实验。

（6）将塔顶馏出物中的两相分离，测出各相的浓度，并称重，称出塔釜产品的质量。

四、实验数据记录及处理

（1）加料质量：乙醇＿＿＿＿＿＿＿＿g；苯＿＿＿＿＿＿＿＿g。

（2）记录塔顶、塔釜温度，见表 35 – 3。

表 35 – 3 实验温度记录

时间/min						
塔釜温度/℃						
塔顶温度/℃						

（3）过程采样记录及釜液液相组成，见表 35 – 4。

表 35 – 4 实验数据记录

采样时间	釜液组成	采样时间	釜液组成

（4）物料称重及物料衡算。

实验三十六　连续均相管式循环反应器流动特性的测定

一、实验目的

（1）掌握管式反应器的工作原理。

（2）了解连续均相管式循环反应器返混的特性。

（3）了解不同循环比下的返混程度。

二、实验原理

（1）在连续均相管式循环反应器中，若循环量（R）为0，则返混程度与平推流反应器相近，管内流体的速度分布和扩散造成的返混较小。若循环操作，则反应器出口的流体被强制返回反应器入口造成返混。返混程度的大小与循环量有关。

$R =$ 循环物料的体积流量/离开反应器物料的体积流量

$R = 0$，相当于平推流反应器

$R = \infty$，相当于全混流反应器

（2）返混程度的大小很难直接测定，一般利用物料停留时间分布测定来研究，本实验通过脉冲法测停留时间分布，改变条件观察分析管式反应器中流动特性，并用多釜串联模型计算参数 n，进行反应器循环比与返混之间的关系研究。

但停留时间分布与返混程度不存在对应关系，需借助反应器数学模型来表达。

停留时间的分布密度函数为 $f(t) = C(t) / \int C(t)\,\mathrm{d}t$，$f(t)$ 与示踪剂浓度 $C(t)$ 成正比，本实验以饱和 KCl 为示踪剂，测出口的电导，则 $f(t)$ 与示踪剂的电导值 L 成正比。

（3）停留时间的分布密度函数 $f(t)$ 有两个重要特征值：平均停留时间 $\bar{t}$ 和方差 σ^2，测定反应器停留时间分布后，评价返混程度需要借助反应器数学模型，本实验采用多釜串联模型。设每个反应釜体积相同，为全混流，之间无返混，则可推出多釜串联反应器停留时间分布函数关系，得到无因次方

差与模型参数 n 为倒数关系。

三、实验步骤

（1）开启进水，使水充满反应管并从塔顶稳定流出，调节水流量为 $15 \sim 20$ L/h。

（2）开启电源，开电脑及打印机，打开反应器数据采集软件，调好电导率仪。

（3）不循环（$R = 0$），待系统稳定后，用注射器快速注入示踪剂 0.5 mL 或 1 mL，同时在软件上点击"开始"。

（4）电脑自动记录出口水样的电导率，当电脑记录曲线在 2 min 内基本不变时，到终点，点击"结束"，保存文件，打印实验数据。

（5）调节 R 为 3、6 时，重复上述操作，记录实验数据。实验结束后，放掉反应管内的水。

四、数据记录与处理

（1）要求：至少列出一组数据的计算结果，如选择 $R = 0$ 时的一组数据进行分析计算。见表 36 – 1。

表 36 – 1　数据记录及处理

水流量：　　　　　　　室温：

循环比 R	电导率	t 平均停留时间	σ_t^2	σ_θ^2	n

（2）结果分析：_____。

实验三十七 鼓泡反应器中气泡比表面积及气含率的测定

一、实验目的

（1）掌握静压法测气含率的原理与方法。
（2）掌握气－液鼓泡反应器的操作方法。
（3）了解气－液比表面的测定方法。

二、实验原理

1. 气含率

气含率是表征气－液鼓泡反应器流体力学的特征基本参数，决定气－液鼓泡反应器内气液接触面积，影响传质速率。测定气含率方法很多，静压法是较精确的方法之一。静压法测定的原理为伯努利方程，气含率 ε 计算式如下：

$$\varepsilon = 1 + (g/\rho Lg) \ \mathrm{d}p/\mathrm{d}H$$

采用 U 型压差计测量时，$\varepsilon = \Delta h/H$，Δh 为两压差计水柱差，H 为两压差计高度差。当气－液鼓泡反应器内空塔气速 u 改变时，ε 与 u^n 成正比，在安静鼓泡区，n 值为 $0.7 \sim 1.2$；在湍动鼓泡区，n 值为 $0.4 \sim 0.7$，设 $\varepsilon = ku^n$。则：

$$\log\varepsilon = \log k + n\log u$$

2. 气泡比表面积

气泡比表面积是单位液相体积的相界面面积，也是气－液鼓泡反应器设计的重要参数。可采取光透法、化学吸收法等测定，也可通过 Gastrich 公式计算：比表面积 $\alpha = 2600(H_0/D)^{0.3}K^{0.003}\varepsilon$，在一定气速下，可通过测定气含率 ε 间接得到，误差在 15% 之内。H_0 为反应器内水的高度，D 为直径，$K = \rho\sigma^3/g\mu^4$。

水在常温下：密度 $\rho = 996.2 \ \mathrm{kg/m^3}$，表面张力 $\sigma = 7.14 \times 10^{-2} \ \mathrm{kg/m^2}$，粘度 $\mu = 8.36 \times 10^{-4} \ \mathrm{kg/(m \cdot s)}$。

三、实验步骤

（1）将蒸馏水加入反应器内至一定高度（2 m）。

（2）检查 U 型压差计中液位是否在同一水平面上，除去气泡。

（3）开启压缩机，调节气体流量，观察床层气液两相流动状态。

（4）待稳定后，记录各点 U 型压差计的刻度值。

（5）改变气体流量，重复测定 8 ～ 10 个条件（1.0 m³/h、1.2 m³/h、1.4 m³/h、1.6 m³/h、1.8 m³/h、2.0 m³/h、2.8 m³/h）。

四、数据处理

$$U 型压力计间距 H = 25 \text{ cm，鼓泡塔直径 } \Phi = 200 \text{ mm}$$

1. 实验数据记录（表 37 – 1）

表 37 – 1　压差计数据记录

气体流量
压差计刻度值 1
2
3

2. 计算结果（表 37 – 2）

表 37 – 2　数据记录及处理

气体流量 Q
空塔气速 U
ε_1
ε_2
平均值 ε
$\log\varepsilon$
$\log\mu$

3. 气泡比表面积 α 计算（选择一个流量）

实验三十八　流化床干燥

一、实验目的

（1）了解流化床干燥器的基本流程及操作方法。

（2）掌握流化床流化曲线的测定方法，测定流化床床层压降与气速的关系曲线。

（3）测定物料含水量及床层温度随时间变化的关系曲线。

二、实验原理

1. 流化曲线

在实验中，可以通过测量不同空气流量下的床层压降，得到流化床床层压降与气速的关系曲线见图38-1。

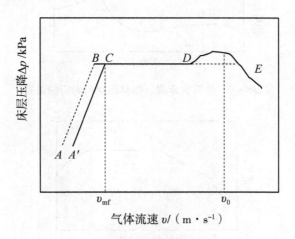

图38-1　流化曲线

当气速较小时，操作过程处于固定床阶段（AB 段），床层基本静止不动，气体只能从床层空隙中流过，压降与气流成正比。当气速逐渐增加（进入 BC 段），床层开始膨胀，空隙率增大，压降与气速的关系将不再成比例。

当气速继续增大，进入流化阶段（CD 段），固体颗粒随气体流动而悬

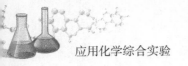
浮运动，随着气速的增加，床层高度逐渐增加，但床层压降基本保持不变。当气速增大至某一值后（D 点），床层压降将减小，颗粒逐渐被气体带走，此时，便进入了气流输送阶段。D 点的流速即被称为带出速度。

C 点处的流速被称为起始流化速度（u_{mf}）。

2. 干燥特性曲线

将湿物料置于一定的干燥条件下，测定被干燥物料的质量和温度随时间变化的关系，可得到物料含水量（X）与时间（T）的关系曲线，其斜率即为干燥速率（u）。将干燥速率对物料含水量作图，即为干燥速率曲线。干燥过程可分以下三个阶段，见图 38 – 2、图 38 – 3。

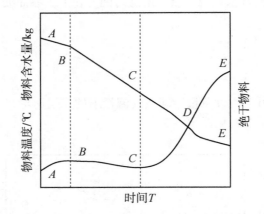

图 38 – 2 物料含水量、物料温度与时间的关系

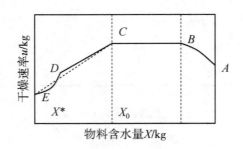

图 38 – 3 干燥速率曲线

（1）物料预热阶段（AB 段）。在开始干燥时，有一较短的预热阶段，空气中部分热量用来加热物料，物料含水量随时间变化不大。

（2）恒速干燥阶段（BC 段）。由于物料表面存在自由水分，物料表面

温度等于空气的湿球温度，传入的热量只用来蒸发物料表面的水分，物料含水量随时间成比例地减少，干燥速率恒定且最大。

（3）降速干燥阶段（CDE 段）。物料含水量减少到某一临界含水量（X_0），由于物料内部水分的扩散慢于物料表面的蒸发，不足以维持物料表面保持湿润，而形成干区，干燥速率开始降低，物料温度逐渐上升。物料含水量越小，干燥速率越慢，直至达到平衡含水量（X^*）而终止。

干燥速率为单位时间在单位面积上汽化的水分量，用微分式表示为：

$$u = \frac{dW}{Ad\tau}$$

式中：A——物料表面积；

   W——物料质量；

   τ——干燥时间。

$\overline{X}$ 为对应于某干燥速率下的物料平均含水量：

$$\overline{X} = \frac{X_i + X_{i+1}}{2}$$

$$X_i = \frac{G_{si} - G_{ci}}{G_{ci}}$$

式中：G_{si} ——第 i 时刻取出的湿物料的质量，kg；

   G_{ci} ——第 i 时刻取出的物料的绝干质量，kg。

三、实验步骤

1. 干燥实验

（1）实验开始前的准备。将电子天平开启，打开烘箱电源，并将盛物料的小器皿按 1 ～ 9 的序号编号，称量各自的质量，记录下来。打开实验设备总电源，启动风机，调节加热器电源电压，使筒内温度达到 65 ℃左右。关掉风机，将筒体内物料浸湿，打开风机开始干燥实验。

（2）实验及数据采集。干燥 4 min 后通过取样管从筒体中取出物料，放于小器皿内，称量质量，并记下此时的温度、空气压力、床层压降。将称量后的样品放入烘箱内烘干。接下来按同种方法每 4 min 取一次数据。

数据取完以后，等样品烘干以后取出，称量质量，并记录下对应的质量。

2. 流化床实验

启动风机、调节风量、记录数据。注意等数据稳定以后再记录。

三、实验数据及处理

1. 绘制流化床压降与气速关系图
2. 求干燥速率和物料含水量的关系以及平衡含水量（表38－1）

表 38 - 1　实验数据记录

时间 t/min	0	4	8	12	16	20	24	28
器皿质量 m_1/g								
器皿＋湿物料质量 m_2/g								
器皿＋绝干物料质量 m_3/g								
湿物料质量 G_{si}/g								
绝干物料质量 G_{ci}/g								
含水量 X_i								
平均含水量 $\overline{X}$								
干燥速率 u/（kg·m^{-2}·h^{-1}）								

四、思考题

（1）本实验所得的流化床压降与气速的关系曲线有何特征？

（2）流化床操作过程中，存在腾涌和沟流两种不正常现象。如何利用床层压降对其进行判断？怎样避免它们的发生？

（3）为什么同一湿度的空气，温度较高有利于干燥操作的进行？

实验三十九　筛板塔连续精馏

一、实验目的

（1）了解筛板精馏塔及其附属设备的基本结构，掌握精馏过程的基本操作方法。

（2）学会判断系统达到稳定的方法，掌握测定塔顶、塔釜溶液浓度的实验方法。

（3）学习测定精馏塔全塔效率和单板效率的实验方法，研究回流比对精馏塔分离效率的影响。

二、基本原理

1. 全塔效率 E_T

全塔效率又称总板效率，是指达到指定分离效果所需理论板数与实际板数的比值，即：

$$E_T = \frac{N_T - 1}{N_P}$$

式中：N_T——完成一定分离任务所需的理论塔板数，包括蒸馏釜。

N_P——完成一定分离任务所需的实际塔板数，本装置 $N_P = 10$。

全塔效率简单地反映了整个塔内塔板的平均效率，说明了塔板结构、物性系数、操作状况对塔分离能力的影响。对于塔内所需理论塔板数 N_T，可由已知的双组分物系平衡关系，以及实验中测得的塔顶、塔釜出液的组成，回流比 R 和热状况 q 等，用图解法求得。

2. 单板效率 E_M

单板效率又称莫弗里板效率，见图 39-1，是指气相或液相经过一层实际塔板前后的组成变化值与经过一层理论塔板前后的组成变化值之比。

按气相组成变化表示的单板效率为：

$$E_{MV} = \frac{y_n - y_{n+1}}{y_n^* - y_{n+1}}$$

按液相组成变化表示的单板效率为：

$$E_{ML} = \frac{x_{n-1} - x_n}{x_{n-1} - x_n^*}$$

3. 回流操作主要步骤

（1）根据物系和操作压力在 $y-x$ 图上作相平衡曲线，并画出对角线作为辅助线。

（2）定出 x_D、x_F、x_W 三点，依次通过这三点作垂线分别交对角线于点 a、f、b。x_D、x_F、x_W 分别表示塔顶、进料、塔釜物料浓度。

（3）在 y 轴上定出 $y_C = x_D/(R+1)$ 的点 c，连接 a、c 作精馏段操作线。

（4）由进料热状况求出 q 线的斜率 $q/(q-1)$，过点 f 作 q 线交精馏段操作线于点 d；连接点 d、b 作提馏段操作线。

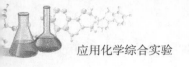

（5）从点 a 开始在平衡线和精馏段操作线之间画阶梯，当梯级跨过点 d 时，就改在平衡线和提馏段操作线之间画阶梯，直至梯级跨过点 b 为止。

所画的总阶梯数就是全塔所需的理论塔板数（包含再沸器），跨过点 d 的那块板就是加料板，其上的阶梯数为精馏段的理论塔板数。见图 39-1。

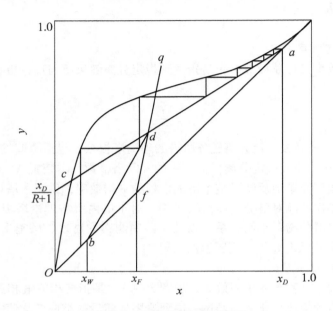

图 39-1　理论塔板层数图解法

三、实验装置

实验装置的主体设备是筛板精馏塔，配套的有加料系统、回流系统、产品出料管路、残液出料管路、进料泵和一些测量、控制仪表。

（1）筛板塔主要结构参数：塔内径 $D = 68$ mm，厚度 $\delta = 2$ mm，塔节 $\Phi76 \times 4$ mm，塔板数 $N = 10$ 块，板间距 $H_T = 100$ mm。加料位置为由下向上起数第 4 块和第 6 块。降液管采用弓形，齿形堰，堰长 56 mm，堰高 7.3 mm，齿深 4.6 mm，齿数 9 个。降液管底隙 4.5 mm。筛孔直径 $d_0 = 1.5$ mm，正三角形排列，孔间距 $t = 5$ mm，开孔数为 74 个。塔釜为内电加热式，加热功率 2.5 kW，有效容积为 10 L。塔顶冷凝器、塔釜换热器均为盘管式。单板取样对象为自下而上第 1 块和第 10 块，斜向上管为液相取样口，水平管为气相取样口。

（2）实验料液为乙醇水溶液，釜内液体由电加热器产生蒸汽逐板上升，经与各板上的液体传质后，进入盘管式换热器壳程，冷凝成液体后再从集液器流出，一部分作为回流液从塔顶流入塔内，另一部分作为产品馏出，进入产品贮罐；残液经釜液转子流量计流入釜液储罐。

实验装置及流程见图39-2。

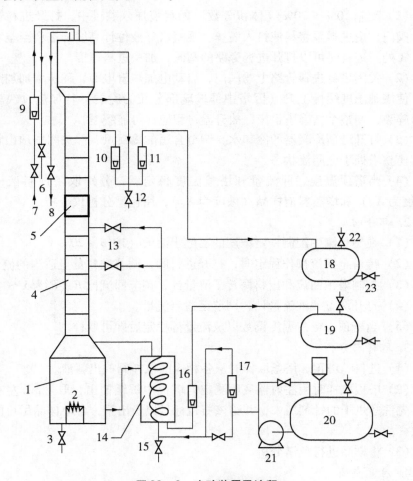

图39-2　实验装置及流程

1－塔釜；2－电加热器；3－塔釜排液口；4－塔节；5－玻璃视镜；6－不凝性气体出口；7－冷却水进口；8－冷却水出口；9－冷却水流量计；10－塔顶回流流量计；11－塔顶出料流量计；12－塔顶出料取样口；13－进料阀；14－换热器；15－进料取样口；16－塔釜残液流量计；17－进料液流量计；18－产品灌；19－残液灌；20－原料灌；21－进料泵；22－排空阀；23－排液阀

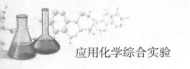

四、实验步骤与注意事项

主要操作步骤如下：

1. 全回流

（1）配制 10%～20%（体积分数）的料液加入贮罐中，打开进料管路上的阀门，由进料泵将料液打入塔釜，观察塔釜液位计高度，进料至釜容积的 2/3 处。进料时可以打开进料旁路的闸阀，加快进料速度。

（2）关闭塔身进料管路上的阀门，启动电加热管电源，逐步增加加热电压，使塔釜温度缓慢上升（因塔中部玻璃部分较为脆弱，若加热过快玻璃极易碎裂，使整个精馏塔报废，故升温过程应尽可能缓慢）。

（3）打开塔顶冷凝器的冷却水，调节合适的冷凝量，并关闭塔顶出料管路，使整塔处于全回流状态。

（4）当塔顶温度、回流量和塔釜温度稳定后，分别取塔顶料液样品（浓度为 X_D）和塔釜料液样品（浓度为 X_W），用色谱分析仪分析。

2. 部分回流

（1）在储料罐中配制一定浓度的乙醇水溶液（10%～20%）。

（2）待塔全回流操作稳定时，打开进料阀，调节进料量至适当的流量。

（3）控制塔顶回流和出料两转子流量计，调节回流比 R（R 为 1～4）。

（4）打开塔釜残液流量计，调节至适当流量。

（5）当塔顶、塔内温度读数以及流量都稳定后即可取样。

3. 取样与分析

（1）进料、塔顶、塔釜取样时从各相应的取样阀放出料液。

（2）塔板取样时用注射器从所测定的塔板中缓缓抽出，取 1 mL 左右注入事先洗净烘干的针剂瓶中，并给该瓶盖标号以免出错，各个样品尽可能同时取样。

（3）将样品进行色谱分析。

4. 注意事项

（1）塔顶放空阀一定要打开，否则容易因塔内压力过大导致危险。

（2）料液一定要加到设定液位 2/3 处方可打开加热管电源，否则塔釜液位过低会使电加热丝露出干烧致坏。

（3）如果实验中塔板温度有明显偏差，是由于所测定的温度不是气相温度，而是气液混合的温度。

五、实验报告

（1）将塔顶、塔底温度和组成，以及各流量计读数等原始数据列表。
（2）按全回流和部分回流分别用图解法计算理论板数。
（3）计算全塔效率和单板效率。
（4）分析并讨论实验过程中观察到的现象。

六、思考题

（1）测定全回流和部分回流总板效率与单板效率时各需测几个参数？取样位置在何处？
（2）全回流时测得板式塔上第 n 层、第 $n-1$ 层液相组成后，如何求 x_n^*？部分回流时，又如何求 x_n^*？
（3）在全回流时，测得板式塔上第 n 层、第 $n-1$ 层液相组成后，能否求出第 n 层塔板上的以气相组成变化表示的单板效率？
（4）查取进料液的汽化潜热时定性温度如何取值？
（5）若测得单板效率超过 100%，作何解释？
（6）试分析实验结果成功或失败的原因，并提出改进意见。

实验四十　填料塔吸收传质系数的测定

一、实验目的

（1）了解填料塔吸收装置的基本结构及流程。
（2）掌握总体积传质系数的测定方法。

二、基本原理

气体吸收是典型的传质过程之一。由于 CO_2 气体无味、无毒、廉价，所以气体吸收实验常选择 CO_2 作为溶质组分。本实验采用水吸收空气中的 CO_2 组分。一般 CO_2 在水中的溶解度很小，即使预先将一定量的 CO_2 气体

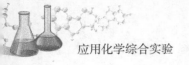

通入空气中混合以提高空气中的 CO_2 浓度，水中的 CO_2 含量仍然很低，所以吸收的计算方法可按低浓度来处理，并且此体系 CO_2 气体的吸收过程属于液膜控制。因此，本实验主要测定 K_{xa} 和 H_{OL}。

1. 计算公式

填料层高度 Z 为

$$Z = \int_0^Z \mathrm{d}Z = \frac{L}{K_{xa}} \int_{x_2}^{x_1} \frac{\mathrm{d}x}{x - x^*} = H_{OL} \cdot N_{OL}$$

式中：L——液体通过塔截面的摩尔流量，$\mathrm{kmol}/(\mathrm{m}^2 \cdot \mathrm{s})$；

K_{xa}——以 ΔX 为推动力的液相总体积传质系数，$\mathrm{kmol}/(\mathrm{m}^3 \cdot \mathrm{s})$；

H_{OL}——液相总传质单元高度，m；

N_{OL}——液相总传质单元数，无因次。

令吸收因数 $A = L/mG$，有：

$$N_{OL} = \frac{1}{1 - A} \ln \left[(1 - A) \frac{y_1 - mx_2}{y_1 - mx_1} + A \right]$$

2. 测定方法

（1）空气流量和水流量的测定。本实验采用转子流量计测得空气和水的流量，并根据实验条件（温度和压力）和有关公式换算成空气和水的摩尔流量。

（2）测定填料层高度 Z 和塔径 D。

（3）测定塔顶和塔底气相组成 y_1 和 y_2。

（4）平衡关系。

本实验的平衡关系可写成：

$$y = mx$$

式中：m——相平衡常数，$m = E/P$。

E——亨利系数，$E = f(t)$，Pa，根据液相温度由附录查得。

P——总压，Pa，取 1 atm。

对清水而言，$x_2 = 0$，由全塔物料衡算。根据 $G(y_1 - y_2) = L(x_1 - x_2)$ 可得 x_1。G—气相流量，kmol/h，L—液相流量，kmol/h。

三、实验装置

1. 装置流程（图 40 - 1）

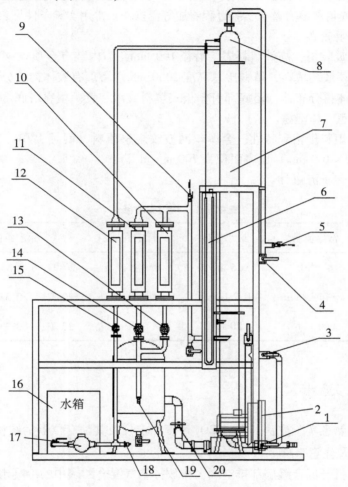

图 40 - 1　实验装置

1 - 液体出口阀 1；2 - 风机；3 - 液体出口阀 2；4 - 气体出口阀；5 - 出塔气体取样口；6 - U 型压差计；7 - 填料层；8 - 塔顶预分离器；9 - 进塔气体取样口；10 - 气体小流量玻璃转子流量计（0.4～4 m³/h）；11 - 气体大流量玻璃转子流量计（2.5～25 m³/h）；12 - 液体玻璃转子流量计（100～1000 L/h）；13 - 气体进口闸阀 V1；14 - 气体进口闸阀 V2；15 - 液体进口闸阀 V3；16 - 水箱；17 - 水泵；18 - 液体进口温度检测点；19 - 混合气体温度检测点；20 - 风机旁路阀

本实验装置流程：由自来水水源来的水送入填料塔塔顶，经喷头喷淋在填料顶层。由风机送来的空气和由二氧化碳钢瓶来的二氧化碳混合后，一起进入气体混合罐，然后再进入塔底，与水在塔内进行逆流接触，进行质量和热量的交换，由塔顶出来的尾气放空。由于本实验为低浓度气体的吸收，所以热量交换可忽略，整个实验过程看成等温操作。常用实验条件见表 40 – 1。

2. 主要设备

（1）吸收塔：高效填料塔，塔径 100 mm，塔内装有金属丝网波纹规整填料或 θ 环散装填料，填料层总高度 2000 mm。塔顶有液体初始分布器，塔中部有液体再分布器，塔底部有栅板式填料支承装置。填料塔底部有液封装置，以避免气体泄漏。

（2）填料规格和特性：金属丝网波纹规整填料，型号 JWB – 700Y，规格 $\varphi = 100 \times 100$ mm，比表面积为 700 m^2/m^3。

（3）转子流量计。

表 40 –1   常用实验条件

介质	常用流量	最小刻度	标定介质	标定条件
空气	4 m^3/h	0.5 m^3/h	空气	20 ℃，1.0133 × 10^5 Pa
CO_2	2 ～ 4 L/min	0.2 L/min	CO_2	20 ℃，1.0133 × 10^5 Pa
水	600 L/h	20 L/h	水	20 ℃，1.0133 × 10^5 Pa

四、实验步骤

（1）熟悉实验流程，弄清 CO_2 浓度测定仪及其配套仪器的结构、原理、使用方法及注意事项。

（2）打开混合罐底部排空阀，排放掉空气混合贮罐中的冷凝水。

（3）打开仪表电源开关及空气压缩机电源开关，进行仪表自检。

（4）开启进水阀门，让水进入填料塔润湿填料，仔细调节液体转子流量计，使其流量稳定在某一实验值（塔底液封控制：仔细调节液体出口阀的开度，使塔底液位缓慢地在一段区间内变化，以免塔底液封过高溢满或过低而泄气）。

（5）启动风机，打开 CO_2 钢瓶总阀，并缓慢调节钢瓶的减压阀。

（6）仔细调节风机旁路阀门的开度（并调节 CO_2 调节转子流量计的流量，使其稳定在某一值），建议气体流量 $3 \sim 5$ m³/h，液体流量 $0.6 \sim 0.8$ m³/h，CO_2 流量 $2 \sim 4$ L/min。

（7）待塔操作稳定后，读取各流量计的读数，通过温度、压差计、压力表上读取各温度及塔顶塔底压差读数，利用 CO_2 测定仪测出塔顶、塔底气体组成。

（8）实验完毕，关闭 CO_2 钢瓶和转子流量计、水转子流量计、风机出口阀门，再关闭进水阀门及风机电源开关（实验完成后我们一般先停止水的流量再停止气体的流量，这样做的目的是为了防止液体从进气口倒压破坏管路及仪器），清理实验仪器和实验场地。

五、实验报告

（1）将原始数据列表。
（2）列出实验结果与计算示例。

六、思考题

（1）本实验中，为什么塔底要有液封？液封高度如何计算？
（2）测定 Kxa 有什么工程意义？
（3）为什么二氧化碳吸收过程属于液膜控制？
（4）当气体温度和液体温度不同时，应用什么温度计算亨利系数？

实验四十一　乙苯脱氢气固相催化

一、实验目的

（1）了解以乙苯为原料在铁系催化剂上进行固定床制备苯乙烯的过程。
（2）掌握乙苯脱氢操作条件对产物收率的影响，学会获取稳定的工艺条件之方法。

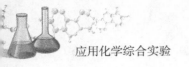

二、实验原理

乙苯脱氢生成苯乙烯和氢气是一个可逆的强烈吸热反应，只有在催化剂存在的高温条件下才能提高产品收率，其反应如下：

主反应：$C_6H_5C_2H_5 \longrightarrow C_6H_5C_2H_3 + H_2$

副反应：$C_6H_5C_2H_5 \longrightarrow C_6H_6 + C_2H_4$

$C_2H_4 + H_2 \longrightarrow C_2H_6$

$C_6H_5C_2H_5 + H_2 \longrightarrow C_6H_6 + C_2H_6$

$C_6H_5C_2H_5 + H_2 \longrightarrow C_6H_5 - CH_3 + CH_4$

此外，还有部分芳烃脱氢缩合物、聚合物以及焦油和碳生成。

2. 影响本实验的因素

（1）温度的影响。乙苯脱氢反应为吸热反应，$\Delta H > 0$，提高温度可增大平衡常数，从而提高脱氢反应的平衡转化率。但是温度过高副反应增加，使苯乙烯选择性下降，能耗增大，设备材质要求增加，故应控制合适的反应温度。

（2）压力的影响。乙苯脱氢为体积增加的反应，从平衡常数与压力的关系式 $K_P = K_n P_{总}^{\Delta\gamma}$ 可知，当 $\Delta\gamma > 0$ 时，降低总压 $P_{总}$ 可使 K_n 增大，从而增加了反应的平衡转化率，故降低压力有利于平衡向脱氢方向移动。实验中加入惰性气体或在减压条件下进行，使用水蒸气作稀释剂，它可降低乙苯的分压，以提高平衡转化率。水蒸气的加入还可向脱氢反应提供部分热量，使反应温度比较稳定，能使反应产物迅速脱离催化剂表面，有利于反应向苯乙烯方向进行；同时还有利于烧掉催化剂表面的积炭。但水蒸气增大到一定程度后，转化率提高并不显著，因此适宜的用量为：水和乙苯的质量比在 1.2 ~ 2.6 之间。

（3）空速的影响。乙苯脱氢反应中的副反应和连串副反应，随着接触时间的增大而增强，产物苯乙烯的选择性会下降，催化剂的最佳活性与适宜的空速及反应温度有关，本实验乙苯的液空速以 0.6 ~ 1 h^{-1} 为宜。

（4）催化剂。乙苯脱氢技术的关键是选择催化剂。此反应的催化剂种类颇多，其中铁系催化剂是应用最广的一种。以氧化铁为主，添加铬、钾助催化剂，可使乙苯的转化率达到 40%，选择性 90%。

三、实验步骤

（1）检查各接口，试漏（空气或氮气）。检查电路是否连接妥当。

（2）上述准备工作完成后，开始升温，预热器温度控制在 300 ℃。待反应器温度达到 400 ℃后，开始启动注水加料泵，同时调整流量（控制在 0.3 mL/min 以内），温度升至 500 ℃时，恒温活化催化剂 3 h，此后逐渐升温至 550 ℃，启动乙苯加料泵。调节流量 $V_水$：$V_{乙苯}$ ＝ 2：1（体积比）范围内，并严格控制进料速度使之稳定。反应温度控制在 550 ℃、575 ℃、600 ℃、625 ℃。考查不同温度下反应物的转化率与产品的收率。

（3）在每个反应条件下稳定 30 min 后，取 20 min 样品二次，取样时用分液漏斗分离水相，用注射器进样至色谱仪中测定其产物组成。分别称量油相及水相质量，以便进行物料衡算。

（4）反应完毕后停止加乙苯原料，继续通水维持 30 ～ 60 min，以清除催化剂上的焦状物，使之再生后待用。实验结束后关闭水、电。

四、数据处理

（1）根据实验内容自行设计记录表格见表 41 - 1，记录实验数据。

表 41 -1　实验数据记录

时间/min	预热温度/℃	反应温度/℃	水进料量/(mL·h⁻¹)	乙苯进料量/(mL·h⁻¹)	油层/g	水层/g	备注

（2）分析结果（表 41 - 2）：

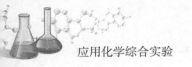

表 41 - 2　实验数据及处理

反应温度/ ℃	乙苯进料量/ (mL · h⁻¹)	精 产 品								注
		苯		甲苯		乙苯		苯乙烯		
		含量 /%	质量 /g	含量 /%	质量 /g	含量 /%	质量 /g	含量 /%	质量 /g	

（3）按下式处理数据：

$$乙苯转化率 = \frac{原料中乙苯量 - 产物中乙苯量}{原料中乙苯量} \times 100\%$$

$$苯乙烯选择性 = \frac{生成的苯乙烯量}{反应的乙苯量} \times 100\%$$

$$苯乙烯收率 = 转化率 \times 选择性$$

以单位时间为基准进行计算。绘出转化率和收率随温度变化的曲线，并解释和分析实验结果。

附

一、气相色谱仪使用方法

实验采用双气路恒温型热导检测器气相色谱仪进行乙苯及其反应后的产物分析。色谱条件如下：

色谱柱：SE30/6201　　　　　填充柱：φ3 mm，长 2 m

载气、柱前压：0.05 MPa　　　桥流：120 mA

汽化器：150 ℃　　　　　　　柱温：120 ℃

检测器：120 ℃

二、质量校正因子

苯：1.000　　甲苯：0.8539　　乙苯：1.006

苯乙烯：1.032

乙苯密度：0.867 g/mL

第五编 高分子材料实验

实验四十二 甲基丙烯酸甲酯的本体聚合

一、实验目的及要求

（1）了解本体聚合的原理和特点。
（2）掌握本体聚合的合成方法及有机玻璃的生产工艺。
（3）了解聚合温度对产品质量的影响。

二、实验原理

（1）甲基丙烯酸甲酯通过本体聚合方法可以制得有机玻璃。聚甲基丙烯酸甲酯由于有庞大的侧基存在，为无定形固体。最突出的性能是具有高度的透明性，透光率达92%，相对密度小，耐冲击性强，低温性能好，广泛用于航空工业、光学仪器工业及日常生活中。

（2）本体聚合是在没有任何介质存在下，单体本身在引发剂或直接用热、光、辐射的作用下进行的聚合反应，此法的优点是生产过程比较简单，聚合物不需后处理，产品比较纯净，可直接聚合成各种规格的板、棒及管制品，但是，由于无热介质存在，且聚合过程中黏度不断增加，而且聚合物又是热的不良导体，聚合放出的热量难以排除，因而造成局部过热，分子量不均匀。

单体甲基丙烯酸甲酯的本体聚合，按自由基反应，历程如下：

链引发

链增长

$$C_6H_5-\overset{\overset{\displaystyle O}{\|}}{C}-CH_2-\overset{\overset{\displaystyle CH_3}{|}}{\underset{\underset{\displaystyle COOH_3}{|}}{C}}\cdot \ + \ CH_2=\overset{\overset{\displaystyle CH_3}{|}}{\underset{\underset{\displaystyle COOH_3}{|}}{C}} \longrightarrow \ \sim CH_2-\overset{\overset{\displaystyle CH_3}{|}}{\underset{\underset{\displaystyle COOH_3}{|}}{C}}\!\!\overset{}{+}CH_2-\overset{\overset{\displaystyle CH_3}{|}}{\underset{\underset{\displaystyle COOH_3}{|}}{C}}\!\!\overset{}{+}_n CH_2-\overset{\overset{\displaystyle CH_3}{|}}{\underset{\underset{\displaystyle COOH_3}{|}}{C}}\cdot$$

链终止

$$\sim CH_2-\overset{\overset{\displaystyle CH_3}{|}}{\underset{\underset{\displaystyle COOH}{|}}{C}}\cdot \ + \ \cdot\overset{\overset{\displaystyle CH_3}{|}}{\underset{\underset{\displaystyle COOH}{|}}{C}}-CH_2\sim$$

$$\sim CH_2-\overset{\overset{\displaystyle CH_3}{|}}{\underset{\underset{\displaystyle COOH}{|}}{C}}-\overset{\overset{\displaystyle CH_3}{|}}{\underset{\underset{\displaystyle COOH}{|}}{C}}-CH_2\sim$$

$$\sim CH_2-\overset{\overset{\displaystyle CH_3}{|}}{\underset{\underset{\displaystyle COOH}{|}}{CH}} \ + \ \overset{\overset{\displaystyle CH_3}{|}}{\underset{\underset{\displaystyle COOH}{|}}{C}}=CH\sim$$

（3）甲基丙烯酸甲酯（MMA）在引发剂作用下发生聚合反应，放出大量的热，致使反应体系的温度不断升高，反应速度加快，造成局部过热，使单体气化或聚合体裂解，制品便会产生气泡或空心。另外，由于甲基丙烯酸甲酯（MMA）和它的聚合体相对密度相差甚大（前者0.94，后者1.19），因而在聚合时产生体积收缩，如果聚合热未经有效排除，各部分反应便不一致，收缩也不均匀，导致裂纹和表面起皱现象发生。为避免这种现象，在实际生产有机玻璃时，常采取预聚成浆法和分步聚合法，整个过程分为制模、制浆、灌浆聚合和脱模几个步骤。

（4）在聚合反应开始前有一段诱导期，聚合率为零，体系黏度不变，在转化率超过20%以后，聚合速率显著加快，而转化率达80%以后，聚合速率显著减小，最后几乎停止，需要升高温度才能使之完全聚合。

三、实验内容

1. 仪器

恒温水浴锅1台、250 mL锥形瓶1个、0～100 ℃温度计2支、500 mL烧杯1个，烘箱、量筒、模具、天平（公用）。

2. 药品

甲基丙烯酸甲酯 150 mL、过氧化二苯甲酰（BPO）0.5 g、邻苯二甲酸二丁酯 10 mL。

3. 实验步骤

（1）模具制备。将 2 片玻璃（150 mm×100 mm）洗净烘干，在玻璃片之间垫好用玻璃纸包好的乳胶管，围成方形，留出灌料口，用铁夹夹紧，同时，取 2 支试管，洗净烘干。

（2）预聚。取甲基丙烯酸甲酯 150 mL 放入锥形瓶中，加入引发剂过氧化二苯甲酰 0.5 g，增塑剂邻苯二甲酸二丁酯 10 mL，为防止水汽进入锥形瓶内，可在瓶口包上一层玻璃纸，再用橡胶圈扎紧，用 80～90 ℃水浴加热锥形瓶，至瓶内预聚物黏度与甘油黏度相近时立即停止加热，迅速用冷水使预聚物冷至室温。

（3）灌模。将上面所得的预聚物灌入模具中，灌模时不要全灌满，稍留点空间，以免预聚物受热膨胀溢出模外。用玻璃纸将模口封住。

（4）低温聚合。将灌好的模具放在烘干箱中，恒温在 40～50 ℃，保温 5～7 h，低温聚合结束，抽掉胶管。

（5）高温聚合。抽掉胶管的模具在烘箱中继续升温至 90～100 ℃，保温 1 h，然后停止加热，自然冷却至 40 ℃，取下模具，得到板材。

（6）对于棒材，采用阶段升温方式，灌模以后，放入恒温水浴锅中，升温到 50 ℃，恒温 2 h；60 ℃，恒温 2 h；70 ℃，恒温 1 h。待聚合物变硬后，继续升温至 90 ℃，恒温半小时，然后取出自然冷却，即得棒材。

四、注意事项

（1）仪器要干燥。

（2）预聚时不要剧烈振荡瓶子，以减少氧气在单体中的溶解。

（3）灌模时预聚物中如有气泡应设法排除。

五、思考题

（1）为什么要进行预聚合？

（2）如最后产品中有气泡，试分析致成原因。

（3）加入邻苯二甲酸二丁酯的作用是什么？

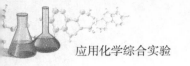

实验四十三 酚醛树脂的合成

一、实验目的

（1）掌握缩聚反应的原理和方法。
（2）了解原料配比对高聚物性能的影响。
（3）掌握在苯酚存在时甲醛的分析方法。

二、实验原理

酚醛树脂是以酚类化合物与醛类化合物为原料经缩聚反应制得的合成树脂的总称。它是最早实现工业化的合成树脂，由于它具有很多优点，如绝缘性能好、隔热、防腐、防潮，模塑品强度高、尺寸稳定性好，耐高温、价廉等，因此在现代工业中是应用最广的塑料之一。

本实验是在酸性催化剂作用下，使甲醛与过量的苯酚缩聚而得到热塑性树脂。其反应式为：

其分子量在 1000 以下。可加热熔融，可溶于丙酮、乙醇或碱性溶液中。

三、实验内容

1. 实验药品

苯酚、甲醛（30% 水溶液）、盐酸（$\rho = 1.19$）。

2. 实验步骤

将 40 g 苯酚及 33 g 甲醛溶液放入 250 mL 的三口烧瓶中混合，用水浴加热，温度维持在（60±2）℃，取样 2～3 g，在三口烧瓶中加入 0.5 mL 盐酸，反应立即开始，每隔 30 min 用滴管取样 2～3 g 样品放入三角瓶中，进行分析。反应3 h后，将三口烧瓶内所有物料倒入水蒸发器中，冷却倒掉上层水，将下层缩聚物用水搅拌洗涤数次，直到呈中性为止。然后用小火加热，以除去水及未反应的苯酚等挥发成分。挥发完毕后泡沫消失，而且树脂表面变得光滑。当温度达 170～180 ℃时，停止加热，把树脂放在铁皮上使其冷却，称其质量，计算产率。

四、苯酚存在时甲醛含量的测定

1. 甲醛含量分析

甲醛与亚硫酸钠作用，生成氢氧化钠，然后用标准盐酸溶液滴定生成的氢氧化钠。

2. 测定步骤

将准确称量过的 2～3 g 苯酚、甲醛混合物置于 250 mL 的锥形瓶中，加入 25 mL 蒸馏水，再加入 3 滴百里酚酞指示剂，用 0.1 mol/L NaOH 标准液滴定至溶液出现蓝色。然后加入 1 mol 亚硫酸钠溶液 25 mL，为了使亚硫酸钠与甲醛反应完全，混合物在室温下放置 2 h，然后用 0.5 mol/L 盐酸滴定至蓝色褪去。

甲醛的含量计算式为：

$$x = CVM_{\text{HCHO}}/1000W$$

式中：x——甲醛含量；

　　　V——滴定所消耗的盐酸体积，mL；

　　　C——盐酸的浓度；

　　　W——称量样品的质量；

　　　M_{HCHO}——甲醛分子量。

五、实验数据处理

实验数据处理见表 43-1。

表 43-1　数据记录

反应时间/min	反应现象	反应温度/℃	取　　样			
			空瓶质量/g	(空瓶质量 + 样品质量)/g	物料量/g	含量/%

根据分析结果，计算不同反应时间甲醛的转化率，以时间为横坐标对甲醛的浓度作图。

六、思考题

(1) 计算配方中苯酚与甲醛的摩尔比。为什么要如此配方?
(2) 苯酚与甲醛缩聚为什么既能生成线型缩聚物，又能生成体型缩聚物?

实验四十四　聚苯乙烯自由基悬浮聚合

一、实验目的

(1) 通过对苯乙烯单体的悬浮聚合实验，了解自由基悬浮聚合的方法和配方中各组分的作用。
(2) 学习悬浮聚合的操作方法。
(3) 通过对聚合物颗粒均匀性和大小的控制，了解分散剂、升温速度、搅拌速度对悬浮聚合的重要性。

二、实验原理

1. 悬浮聚合
实质上是借助于强烈的搅拌和悬浮剂的作用，将不溶于水的单体分散在介质水中，利用机械搅拌，将单体打散成直径 0.01～5 mm 的小液滴形式进行本体聚合。每个小液滴内，单体的聚合机理与本体聚合相似。悬浮聚合解决了本体聚合中不易散热的问题，产物容易分离，清洗可以得到纯度较高的颗粒状聚合物。

2. 主要成分

（1）单体。单体不溶于水，如苯乙烯、醋酸乙烯酯。

（2）分散介质。大多为水，作为热传导介质。

（3）悬浮剂。调节聚合物体系的表面张力、黏度，避免单体液滴在水相中黏结。

（4）引发剂。主要为油溶性引发剂，如 BPO（过氧化二苯甲酰）、AIBN（偶氮二异丁腈）。

三、仪器与试剂

1. 仪器

250 mL 三口瓶、球形冷凝管、电热锅、搅拌器、温度计（100 ℃）、量筒 100 mL、锥形瓶 100 mL、布氏漏斗、抽滤瓶、分析天平。

2. 试剂

苯乙烯、聚乙烯醇（PVA）、BPO、去离子水。

四、实验步骤

（1）组装实验装置见图 44-1。

（2）分别将 0.3 g BPO、16 mL 苯乙烯加入 100 mL 锥形瓶，轻摇溶解后加入三口烧瓶。

（3）再将 7～8 mL 0.3% PVA 和 130 mL 去离子水冲洗锥形瓶及量筒后加入三口烧瓶，开始搅拌和加热。

（4）在半小时内，将温度缓慢提高至 85～90 ℃，并保持此温度聚合反应 2 h 后，用吸管吸取少量反应液于含冷水的表面皿上，若颗粒变硬则可结束反应。

（5）将反应液冷至室温后，过滤分离，反复水洗后，50 ℃下干燥称重。

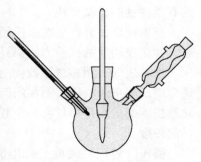

图 44-1　实验装置

五、注意事项

（1）PVA 难溶于水，须待 PVA 完全溶解后，才可以开始加热。
（2）称量 BPO 采用塑料匙，避免使用金属匙。
（3）搅拌速度要适当，不可过快或过慢。

六、实验数据记录

苯乙烯单体质量：_____   去离子水体积：_____

BPO 质量：_____   PVA 质量：_____

聚合时间：_____   聚合温度：_____

聚合物质量：_____   产率：_____

实验四十五　聚合物硬度的测定

一、实验目的要求

（1）了解邵氏硬度的测试原理。
（2）学会操作邵氏硬度计，并用以测定硬聚合物材料的硬度。

二、实验原理

材料硬度是表示材料抵抗其他较硬物体的压入的性能，是材料软硬程度的有条件性的定量反映。

塑料硬度试验方法有布氏硬度、洛氏硬度、巴氏硬度和邵氏硬度法等。布氏和洛氏硬度的试验方法都是将具有一定直径的钢球，在一定载荷作用下压入材料表面，用显微读数读出试样表面压痕直径或深度，即可计算材料的硬度值。但是影响压痕面积的因素很多，往往不能真实表现材料硬度。巴氏和邵氏硬度试验是用具有一定载荷的标准压印器，以压入表面的深度衡量试样的硬度。

邵氏（肖氏）硬度是采用邵氏硬度计而测得的硬度。邵氏硬度计因压痕器所加负荷的不同而分为 A、D、C 3 种类型，所以，邵氏硬度也分为 A、

D、C 3 种。压痕器和测定装置见图 45 - 1。测试时试样表面应平整。试验时施加一定负荷，压痕器压入试样表面，加荷 30 s 后由表盘上直接读取硬度值。

邵氏硬度使用前级字母压痕器类型及数字表示。例如：H_D65 表示用 D 型测定的硬度值为 65。

软质塑料常用 A 型测定硬度，当邵氏 A 硬度越过 95 时，用 D 型或 C 型。当邵氏 D 硬度值超过 95 时，则采用布氏硬度计或洛氏硬度计测定硬度。

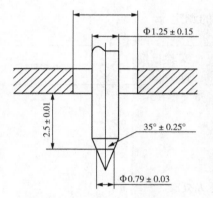 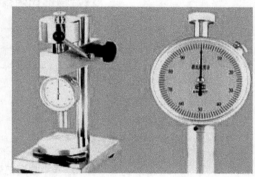

图 45 - 1　压痕器和测定装置

三、测试仪器与试样

邵氏硬度计，注塑成型的 PE、PP 等。

四、实验步骤

（1）按照实验需要选好硬度计，实验开始前加上压力释放杠杆时，请确保荷重是自由下落。

（2）用杠杆轻轻地将硬度表升起，将试样放在台面上并落下杠杆，硬度表下降，当压力脚表面与试样表面刚刚接触后，读取硬度表上显示的最大值。

（3）如果要测试试样几个点的硬度，要确保点与点之间的距离大于 6 mm。

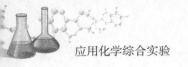

（4）注意事项：

a. 请确保台面与硬度计压力脚的平面是平行的，若不平行，请调整。

b. 请不要卸下速度调节旋钮，一旦卸下，液压油将会渗漏，操作将受影响。

c. 根据试样调整高度时，旋动夹紧螺丝和微动柱体夹紧螺丝来移动本体，倘若只是细小的调节，只需松开夹紧螺丝上下移动微动螺丝即可。

五、实验记录及报告

聚合物邵氏硬度的测定

班级：_____ 姓名：_____ 学号：_____

同组实验者：_____ 实验日期：_____

指导教师：_____ 评分：_____

1. 实验数据记录

（1）试样材料名称。

（2）硬度计类型。

2. 数据处理（表45-1）

表45-1 数据记录及处理

实验次数	1	2	3	4	5
硬度值					
硬度平均值					

实验四十六 苯乙烯的乳液聚合

一、实验目的

（1）了解苯乙烯乳液聚合的原理。

（2）掌握苯乙烯乳液聚合的方法。

二、实验原理

乳液聚合是以大量水为介质，在此介质中使用能够使单体分散的水溶性

聚合引发剂，并添加乳化剂（表面活性剂），以使油性单体进行聚合的方法。所生成的高分子聚合物为微细的粒子悬浮在水中的乳液。

1. 单体

能进行乳液聚合的单体数量很多，其中应用比较广泛的有：苯乙烯、醋酸乙烯酯、丁二烯、甲基丙烯酸甲酯、丙烯酸甲酯等。

2. 引发剂

与悬浮聚合不同，乳液聚合所用的引发剂是水溶性的，而且由于高温不利于乳液的稳定性，引发体系产生的自由基的活化能应当很低，使聚合可以在室温甚至更低的温度下进行。常用的乳液聚合引发剂有过硫酸铵、过硫酸钾等。

3. 乳化剂

乳化剂是可以形成胶束的一类物质，在乳液聚合中起着重要的作用，常见的乳液聚合体系的乳化剂为负离子型，如十二烷基苯磺酸钠、十二烷基磺酸钠等。乳化剂具有降低表面张力和界面张力、乳化、分散、增溶作用。

三、仪器及药品

1. 仪器

三颈瓶、搅拌器、回流冷凝管、固定夹及铁架、恒温水浴锅、烧杯、量筒、温度计。

2. 药品

苯乙烯、十二烷基苯磺酸钠、过硫酸钾、硫酸铝钾、水等。

四、实验步骤及现象

（1）取 0.6 g 十二烷基苯磺酸钠，将 50 mL H_2O 加入装有温度计、搅拌器、水冷凝管的 250 mL 三颈瓶中，升温至 80 ℃。

（2）加入 10 mL 苯乙烯，取 0.3 g 过硫酸钾溶于 10 mL H_2O，缓慢加入三颈瓶中。

（3）迅速升温至 88～90 ℃，反应 1.5 h。

现象：溶液浑浊并发蓝光，后来蓝色消失变为乳白色。

（4）将乳液倒入烧杯中，加入 $KAl(SO_4)_2$ 进行破乳。

现象：溶液发生固化得到白色固体。

（5）用布氏漏斗抽滤，抽滤后的聚合物用热水（80 ℃左右）洗涤。最

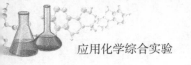

后把产物放于 50 ~ 60 ℃烘箱中干燥，称重，计算转化率。

五、注意事项

（1）乳化剂要限量加入，不可过多，保证乳化剂充分溶解。

（2）优点：聚合反应速度快，分子量高；聚合热易扩散，聚合反应温度易控制；用水作介质，生产安全，聚合体系即使在反应后期黏度也很低，因而也适于制备高黏性的聚合物。

（3）缺点：聚合物含有乳化剂等杂质，影响制品性能，为得到固体聚合物，还要经过凝聚、分离、洗涤等工序；乳液聚合生产能力也比本体聚合时低，如果干燥需破乳，工艺较难控制。

实验四十七　高分子材料冲击强度的测定

一、目的要求

（1）掌握简支梁冲击试验机的使用。

（2）测定聚丙烯的冲击强度。

二、实验原理

抗冲强度（冲击强度）是材料突然受到冲击而断裂时，每单位横截面上材料可吸收的能量的量度。它反映材料抗冲击作用的能力，是衡量材料韧性的一个指标。冲击强度小，则材料较脆。

国内对塑料冲击强度的测定一般采用简支梁式摆锤冲击试验机进行。试样可分为无缺口和有缺口两种。冲击试验时，摆锤从垂直位置挂于机架扬臂上，把扬臂提升一扬角 α，摆锤就获得了一定的位能。释放摆锤，让其自由落下，将放于支架上的样条冲断，试样冲断后，摆锤即以剩余能量升到一高度，升角 β，向反向回升时，推动指针，从刻度盘读数读出冲断试样所消耗的功 A。按能量守恒定律：$WL(1 - \cos\alpha) = WL(1 - \cos\beta) + A + A\alpha + A\beta + mV^2/2$，$W$ 为摆锤重，L 为摆锤摆长，α、β 分别为摆锤冲击前后的扬角；A 为冲击试样所耗功；$A\alpha$、$A\beta$ 分别为摆锤在 α、β 角度内克服空气阻力所消耗的功；$mV^2/2$ 为试样断裂飞出时所具有的动能。通常后三项忽略不计，因此可以用下式计算冲断试样所消耗的功：$A = WL(\cos\beta - \cos\alpha)$，冲击强度 $\sigma = A/bd$。b、d 分别为试样宽及厚，对有缺口试样，d 为除去缺口部分所余的厚度。若冲击后韧性材料不断裂，但已破坏，则抗冲强度以"不断"表示。

三、仪器与试样

1. 仪器
冲击试验机。
2. 试样
聚丙烯、聚乙烯样条。
（1）采用注塑机注塑样条，缺口处不应有裂纹。
（2）每个样品样条数不少于 5 个。
（3）凡试样不断或断裂处不在缺口部分，该试样作废，另补试样。

四、测试步骤

（1）检查和调整被动指针的位置，使摆锤在铅垂位置时主动指针与被动指针靠紧，指针指示的位置与最大指标值相重合。
（2）空击试验：检查指针装配是否良好。空击值误差应在规定范围内。
（3）调整支承刀刃的距离为 40 mm。
（4）检查零点，且每做一组试样校准一次。
（5）放置样品。试样放置在托板上，其侧面应与支承刀刃靠紧，若是带缺口的试样，应用 0.02 mm 的游标卡尺找正缺口在两支承刀刃的中心。
（6）测量试样中间部位的宽和厚，准确至 0.02 mm，缺口试样测量缺口的剩余厚度。
（7）冲击试验：上述完成后，可释放摆锤进行试验，冲击后，从刻度盘上记录冲断功的数值。

五、结果处理

（1）观察并记录材料断裂面情况。
（2）根据冲断功计算冲击强度，算出各试样的平均值进行试样间比较。

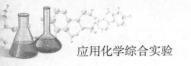

六、实验数据记录

（1）试样原材料名称：_____。
（2）试样制备方法：_____。
（3）试样尺寸：_____。
（4）缺口类型：_____。
（5）冲击方向：_____。
（6）简支梁试验：

分别见表47 – 1、表47 – 2：

表47 – 1　简支梁试验数据处理

项　目	无缺口试样				
	1	2	3	4	5
试样宽度 b/mm					
试样厚度 d/mm					
冲击吸收能量 A/J					
冲击强度 $\sigma/(\mathrm{kJ \cdot m^{-2}})$					
平均冲击强度 $\bar{\sigma}/(\mathrm{kJ \cdot m^{-2}})$					

表47 – 2　简支梁试验数据处理

项　目	有缺口试样				
	1	2	3	4	5
试样宽度 b/mm					
缺口处剩余厚度 d_k/mm					
冲击吸收能量 A_k/J					
冲击强度 $\sigma_k/(\mathrm{kJ \cdot m^{-2}})$					
平均冲击强度 $\bar{\sigma}_k/(\mathrm{kJ \cdot m^{-2}})$					

（7）悬臂梁试验，见表47-3、表47-4。

表47-3　悬臂梁试验数据处理

项　　目	无缺口试样				
	1	2	3	4	5
试样宽度 b/mm					
试样厚度 d/mm					
冲击吸收能量 A/J					
冲击强度 σ/(kJ·m^{-2})					
平均冲击强度 $\bar{\sigma}$/(kJ·m^{-2})					

表47-4　悬臂梁试验数据处理

项　　目	有缺口试样				
	1	2	3	4	5
试样宽度 b/mm					
缺口处剩余厚度 d_k/mm					
冲击吸收能量 A_k/J					
冲击强度 σ_k/(kJ·m^{-2})					
平均冲击强度 $\bar{\sigma}_k$/(kJ·m^{-2})					

实验四十八　高分子材料拉伸性能测试

一、实验目的

（1）绘制聚合物的应力-应变曲线，测定其屈服强度、拉伸强度、断裂强度和断裂伸长率。

（2）熟悉万能试验机的工作原理及操作方法。

（3）观察不同聚合物的拉伸特征，了解测试条件对测试结果的影响。

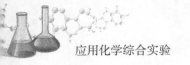

二、实验原理

材料的力学性能指标都是由拉伸试验来确定的。拉伸试验是把试件安装在试验机上，通过试验机对试件加载直至把试件拉断为止，根据试验机上的自动绘图装置所绘出的拉伸图及试件拉断前后的尺寸，来确定不同材料的力学性能。从应力–应变曲线可以得到材料的拉伸性能指标：拉伸强度、拉伸断裂应力、断裂伸长率、拉伸屈服应力。

（1）拉伸强度：在拉伸试验中，试样直至断裂为止所承受的最大拉伸应力。

（2）拉伸断裂应力：在试验试样断裂时的拉伸应力。

（3）拉伸屈服应力：在拉伸应力–应变曲线上屈服点处的应力。

（4）断裂伸长率：试样断裂时标线间距离（即标距）的增加量与初始标距之比，以百分率表示。

（5）应力–应变曲线：由应力、应变的相应值彼此对应而绘成的曲线图。通常以应力值作为纵坐标，应变值作为横坐标。见图 48 – 1。

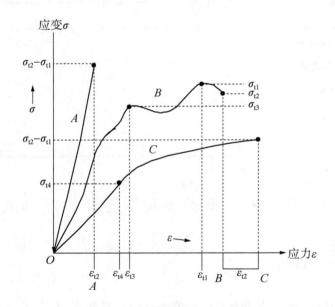

图 48 – 1 拉伸应力 – 应变曲线

σ_{t1} – 拉伸强度；ε_{t1} – 拉伸强度时的应变；σ_{t2} – 拉伸断裂应力；ε_{t2} – 断裂时的应变；σ_{t3} – 拉伸屈服应力；ε_{t3} – 屈服时的应变；σ_{t4} – 偏置屈服应力；ε_{t4} – 偏置屈服时的应变 $X\%$；A – 脆性材料；B – 具有屈服点的韧性材料；C – 无屈服点的韧性材料

典型高分子材料拉伸应力－应力曲线见图48－2：

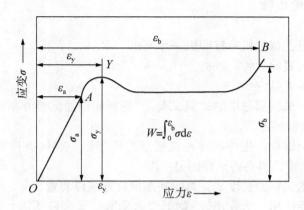

图 48－2 拉伸应力－应力曲线

（1）*OA* 段，为符合虎克定律的弹性形变区，应力－应变呈直线关系变化，直线斜率相当于材料弹性模量。

（2）越过 *A* 点，应力－应变曲线偏离直线，说明材料开始发生塑性形变，极大值 *Y* 点称为材料的屈服点，其对应的应力、应变分别称为屈服应力（或屈服强度）和屈服应变。发生屈服时，试样上某一局部会出现"细颈"现象，材料应力略有下降，发生"屈服软化"。

（3）随着应变增加，在很大范围内曲线基本平坦，"细颈"区越来越大。直到拉伸应变很大时，材料应力又略有上升（成颈硬化），到达 *B* 点发生断裂。与 *B* 点对应的应力、应变分别称为材料的拉伸强度（或断裂强度）和断裂伸长率，它们是材料发生破坏的极限强度和极限伸长率。

（4）曲线下的面积相当于拉伸试样直至断裂所消耗的能量，称为断裂能或断裂功。它是表征材料韧性的一个物理量。

三、实验仪器

万能试验机、游标卡尺。

四、测试试样

注塑机注塑样条：PE、PP。

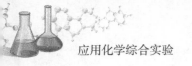

五、实验步骤

（1）开机：试验机→打印机→计算机。

（2）进入实验软件，联机。

（3）安装夹具。

（4）点击试验部分里的"新试验"，选择相应的试验方案，输入试样的原始用户参数如尺寸等。

（5）夹持试样。先将试样夹在接近力传感器一端的夹件头上，在力清零消除试样自重后再夹持试样的另一端。

（6）根据试样的长度及夹具的间距设置好限位装置。

（7）如需使用"大变形"，则把"大变形"装夹在试样上。

（8）开始试验，按"运行"命令按钮，设备将按照软件设定的试验方案进行试验。

（9）每根样品试验完后，屏幕右端将显示试验结果。

（10）一批试验完成后，点击"生成试验报告"按钮将生成试验报告。

六、注意事项

（1）每次开机后要预热 5 min，待系统稳定后，才能进一步使用。如果刚刚关机，需要再开机，间隔时间不能少于 1 min。试验开始前，一定要调整好限位挡圈。

（2）试验过程中，除"停止"按键和"急停"开关外，不要按控制盒上的其他按键，否则会影响试验。变换小力传感器时，切记一定要更换试验软件，否则很容易发生超载而损坏小力传感器。

七、实验数据记录

（1）试样原材料名称：_____。

（2）试样类型：_____。

（3）试样尺寸：_____。

（4）试样制备方法：_____。

（5）实验拉伸条件：_____。

（6）数据处理见表 48 - 1。

表 48－1　拉伸实验数据处理

试 样 编 号	1	2	3	4	5
工作部分宽度 b/mm					
工作部分厚度 d/mm					
截面积 A/mm^2					
最大负荷 p_{max}/N					
拉伸强度 σ_1/MPa					
拉伸强度平均值 $\overline{\sigma_1}$/MPa					
断裂负荷 p/N					
断裂应力 σ_2/MPa					
断裂应力平均值 $\overline{\sigma_2}$/MPa					
试样原始标距 L_0/mm					
断裂伸长率 ε/%					
断裂伸长率平均值 $\overline{\varepsilon}$/%					

八、讨论

（1）改变拉伸速度会对测试结果有何影响？
（2）比较 PE、PP 应力－应变曲线的不同。

实验四十九　聚乙烯挤出造粒

一、实验目的

（1）理解双螺杆挤出机的基本工作原理，学习挤出机的操作方法。
（2）了解聚烯烃挤出的基本程序和参数设置原理。

二、实验原理

在塑料制品的生产过程中，自聚合反应开始至成品加工前，一般要经过

一个配料混炼环节，以达到改善其使用性能或降低成本等目的。比如色母料的生产，填料的加入和增强、增韧，具备阻燃性能的改性塑料生产。传统方法是用开炼机和密炼机，但是效率低下，不能满足提高产量的需要，随后便产生了单螺杆挤出机，继而发展了双螺杆挤出机。双螺杆挤出机具有塑化能力强、挤出效率高、耗能低、混炼效果好、自清洁能力等特点，吸引了塑料行业的注意并取得了迅速发展。另外，挤出机也是塑料生产应用最广泛的机器，使用不同的机头可以挤出不同的产品，如型材、片材、管材和挤出吹膜等。

本实验使用双螺杆挤出机挤出物料切粒，是生产母料的工艺过程，如果将物料与颜料在捏合机中混合加料，挤出的产品则为色母料，另外，如果换为其他机头，即可用于生产各种相应产品。

双螺杆挤出机的结构见图 49-1，包括传动部分、挤压部分、加热冷却系统、电气与控制系统及机架等。

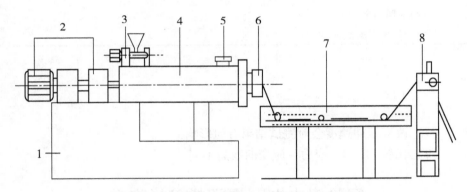

图 49-1 同向双螺杆挤出机组的结构示意图

1-机座；2-动力部分；3-加料装置；4-机筒；5-排气口；6-机头；7-冷却装置；8-切粒装置

1. 传动部分

传动部分就是带动螺杆转动的部分，它通常由电动机、减速箱和轴承等组成，在挤出过程中，要求螺杆在一定的转速范围内运转，转速稳定，不随螺杆负荷的变化而变化，以保证制品的质量均匀一致。

2. 加料部分

加料部分一般由传动部分、料斗、料筒、螺杆等组成。电机的转速由专门的仪表来控制，可通过控制电机的转速来实现定量供料。

3. 机筒

由于塑料在机筒内经受高温高压，因此机筒的功用为承压加热室，机筒外部附有加热设备、温度自控装置及冷却系统。

4. 螺杆

螺杆是挤出机的核心部件，通过螺杆的转动产生对塑料的挤压作用，塑料在机筒内能产生移动、增压，从摩擦中取得部分热量，在移动中得到混合和塑化，黏流态的塑料熔体在被压实而流经模口时，取得所需的形状而定型。挤出机的规格通常用螺杆直径表示，螺杆的直径 D 通常为 30 ～ 200 mm，螺杆直径增大，加工性提高，所以挤出机的生产率与螺杆直径的平方成正比。长径比 L/D 大，则能改善物料的温度分配，有利于塑料的混合和塑化。

5. 机头和模口

通常机头和模口是一整体设备，机头的作用是将处于旋转运动的塑料熔体变为向模口方向的平行直线运动，并将熔体均匀平稳地导向模口。模口为具有一定截面形状的通道，塑料熔体在模口中流动时取得所需形状并被模口外的定型装置和冷却系统冷却固化而成型。

6. 排气装置

排气部分由排料口和抽真空系统组成。

三、原料及主要设备

PE、PP、双螺杆挤出机。

四、实验过程

1. 实验前准备工作
（1）依照相关资料，了解 PE 的熔点和流动特性并设定挤出温度。
（2）将所加工材料用电热干燥。
（3）检查料斗确认无异物。
（4）检查冷凝水连接是否正常。

2. 实验过程
（1）开启总电源，按照工艺要求设定各加热段温度。
（2）等温度达到设定温度并恒温 20 min 后，往料斗中加入 PE。
（3）用手旋转联轴器看螺杆是否转动灵活。

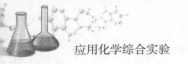

（4）往冷却水槽通水。

（5）开启润滑电机开关，润滑电机启动。

（6）开启切粒装置及风刀。

（7）启动主电机，设定速度。

（8）开启喂料电机，并调整至合适转速。

（9）待 PE 物料从机头挤出长条后，牵引使之通过冷却水槽，然后引至风干系统风干后切粒。

3. 停机

（1）将加料电机转速降为 0，然后关闭加料电机。

（2）主机空转 1～2 min，熔体压力较低后，停主电机。

（3）停止润滑后关闭切粒装置和总电源。

五、注意事项

每次实验完毕后用聚丙烯清洗螺杆，直至挤出物颜色呈白色为止。

六、实验数据记录

（1）材料名称：＿＿＿＿＿＿＿＿＿；口模类型：＿＿＿＿＿＿＿＿＿。

（2）机头及螺杆各段温度：＿＿＿＿、＿＿＿＿、＿＿＿＿、＿＿＿＿、＿＿。

（3）喂料速度：＿＿＿＿＿＿＿＿＿；螺杆转速：＿＿＿＿＿＿＿＿＿；切粒速度：＿＿＿＿＿＿＿＿＿。

七、讨论

切粒速度如何与挤出速度配合？为什么？

实验五十 热塑性塑料熔体流动速率的测定

一、实验目的和要求

（1）了解热塑性聚合物熔体流动速率的实质和测定意义。

（2）学习掌握熔体流动速率测定仪的使用方法。

（3）测定聚丙烯树脂的熔体流动速率。

二、实验原理

聚合物流动性即可塑性，是一个重要的加工性能指标，对聚合物材料的成型和加工有重要意义，而且又是高分子材料应用和开发的重要依据。

大多数热塑性树脂材料都可以用熔体流动速率来表示其黏流态时的流动性能，熔体流动速率是指在一定温度和负荷下，聚合物熔体 10 min 通过标准口模的质量或体积，通常用英文缩写 MFR、MVR 表示。在相同的条件下，单位时间内流出量越大，熔体流动速率就越大，这对材料的选用和成型工艺的确定有重要实用价值。

本实验要求测定聚丙烯树脂的熔体流动速率。

聚丙烯是常用的热塑性树脂。在热塑性塑料成型和合成纤维纺丝的加工过程中，MFR 是一个衡量流动性能的重要指标。对于一定结构的同种树脂熔体，MFR 越大，熔体流动速率就越大，说明其平均分子量就越低，反之分子量就越大；对于分子量相同的树脂，MFR 则是一个比较分子量分布的手段。

测定不同结构的树脂熔体的 MFR，所选择的温度、负荷符合压强、试样用量和取样时间各不相同。我国目前常采用的标准见表 50 – 1。

表 50 – 1　常用实验标准

树　　脂	实验温度/℃	负荷/g	负荷压强/MPa
PE	190	2160	0.304
PP	230	2160	0.304
PS	190	5000	0.703
PC	300	1200	0.169
POM	190	2160	0.304
ABS	200	5000	0.703
PA	230	2160	0.304
纤维素酯	190	2160	0.304
丙烯酸树脂	230	1200	0.169

三、仪器设备和原料

1. 熔体流动速率仪

熔体流动速率仪由挤出系统和加热温控系统组成。挤出系统包括料筒、压料杆、出料口和砝码等部件。温度控制系统由加热炉体、控制电路和温度显示部分组成。见图50－1。

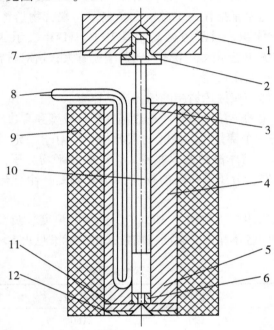

图50－1 熔体流动速率仪结构示意图

1－砝码；2－砝码托盘；3－活塞；4－炉体；5－控温元件；6－标准口模；7－隔热套；8－温度计；9－隔热层；10－料筒；11－托盘；12－隔热垫

2. 聚丙烯粒料

实验前要充分烘干。

四、实验步骤

（1）仪器安放平稳，调节水平，以活塞杆可在料筒内自然落下为准。

（2）开启电源，将调温旋钮设定至230 ℃，并开始升温。

（3）当实际温度达到设定值后，恒温 5 min 后，按照被测 PP 物料的牌号确定称取物料的质量。

（4）将压料杆取出，将物料加入料筒并压实，最后固定好套件，开始计时。

（5）等加入时间到 6～8 min 后，在压料杆顶部加上选定的砝码（本实验 PP 为 2160 g），熔融的试样即从出料口挤出，将开始挤出的 15 cm 长度可能含有气泡的部分切除后开始计时。

（6）按照选定取样时间（PP 应为 1 min）取样，样品数量不少于 5 个，含有气泡的料段应弃去。

（7）每种树脂试样都应平行测定两次，从取样数据中分别求出其 MFR 值，以算术平均值作为该试样的 MFR 值。若两次测定差距较大或同一次各段质量差距明显应找出原因。

（8）实验完毕后，将剩余物料挤出，将料筒和压料杆趁热用软布清理干净，保证各部分无树脂熔体黏附。

五、注意事项

（1）料筒压料杆和出料口等部位尺寸精密，光洁度高，故实验时要谨慎，防止碰撞变形和清洗时材料过硬损伤。

（2）实验和清洗时要带双层手套，防止烫伤。

（3）实验结束挤出余料时，要轻缓用力，切忌以强力施加，以免仪器受损伤。

（4）每次实验结束，要趁热清理活塞杆、料筒和标准口模，不能用硬度高的工具进行刮擦，以免擦伤重要的表面，清理时要戴上手套，以防烫伤。

六、数据处理及结果分析

1. 计算

将每次测试所取各段物料，选 5 个无气泡料段分别用分析天平称量，然后按照下式计算熔体流动速率：

$$MFR = \frac{W \times 600}{t} \quad [\text{g} \cdot (10 \text{ min})^{-1}]$$

式中：W——5 个切割段的平均质量（g）；

t——取样时间间隔（s）。

2. 数据记录

(1) 材料名称: _____。

(2) 试样质量: _____。

(3) 实验温度和负荷: _____。

(4) 取样时间: _____。

3. 数据处理 (表 50-2)

表 50-2 数据记录及处理

项 目	第一次					第二次				
	1	2	3	4	5	1	2	3	4	5
质量/g										
时间/s										
$MFR/[g \cdot (10\ min)^{-1}]$										
MFR 平均值/$[g \cdot (10\ min)^{-1}]$										
MFR 算术平均值/$[g \cdot (10\ min)^{-1}]$										

七、思考题

(1) 测定 MFR 的实际意义有哪些?

(2) 可否以直接挤出 10 min 的熔体的质量作为 MFR 值? 为什么?

实验五十一　热塑性塑料注射成型

一、实验目的和要求

(1) 了解注塑机的结构特点及操作程序,掌握热塑性塑料注射成型的实验技能。

(2) 了解注射成型工艺条件与注射制品质量的关系。

二、实验原理

注射成型适用于热塑性塑料和热固性塑料,是高聚物一种重要的成型工艺。

注射成型的设备是注射机和注塑模具。固体塑料在注射机的料筒内通过外部加热、机械剪切力和摩擦热等作用，熔化成流动状态，后经移动螺杆以很高的压力和较快的速度，通过喷嘴注入闭合的模具中，经过一定的时间保压冷却固化后，脱模取出制品。

注射成型机一般有柱塞式和螺杆式两种，以后者为常用。不同类型的注射机的动作程序不完全相同，但塑料的注射成型原理及过程是相同的。热塑性塑料注射时，模具温度比注射料温度低，制品是通过冷却而定型的；热固性塑料注射时，其模具温度要比注射料温度高，制品是要在一定的温度下发生交联固化而定型的。

本实验采用移动螺杆式注射机注射成型，下面是热塑性塑料的注射成型工艺原理。

1. 模具的闭合

动模前移，快速闭合。在与定模将要接触时，依靠合模系统自动切换成低压，提供试合模压力、低速，最后切换成高压将模具合紧。

2. 充模

模具闭合后，注射机机身前移使喷嘴与模具贴合。油压推动与油缸活塞杆相连接的螺杆前进，将螺杆头部前面已均匀塑化的物料以规定的压力和速度注射入模腔，直到熔体充满模腔为止。

螺杆作用于熔体的压力称为注射压力，螺杆移动的速度称为注射速度。熔体充模顺利与否，取决于注射压力和速度、熔体的温度和模具的温度等。这些参数决定了熔体的黏度和流动特性。

注射压力是为了使熔体克服料筒、喷嘴、浇铸系统和模腔等处的阻力，以一定前速度注射入模；一旦充满，模腔内压迅速到达最大值，充模速度则迅速下降。模腔内物料受压紧、密实，则符合成型制品的要求。注射压力的过高或过低，造成充模的过量或不足，将影响制品的外观质量和材料的大分子取向程度。

注射速度影响熔体填充模腔时的流动状态。速度快、充模时间短，则熔体温差小、制品密度均匀、熔接强度高、尺寸稳定性好、外观质量好；反之，若速度慢、充模时间长，由于熔体流动过程的剪切作用使大分子取向程度大，制品出现各向异性。

熔体充模的压力和速度的确定比较麻烦，要考虑原料、设备和模具等因素，要结合其他工艺条件，通过分析制品外观，与实践相结合而决定。

3. 保压

熔体充模完全后，螺杆施加一定的压力、保持一定的时间，是为了模腔内熔体因冷却收缩而进行补塑，使制品脱模时不致缺料。保压时螺杆将向前稍作移动。

保压过程包括控制保压压力和保压时间的过程，它们均影响制品的质量。保压压力可等于或低于充模压力，其大小以达到补塑增密为宜。保压时间以压力保持到浇口凝封时为好。若保压时间不足，模腔内的物料会倒流，造成制品缺料；若保压时间过长或压力过大，充模量过多，将使制品的浇口附近的内应力增大，制品易开裂。

4. 冷却

保压时间到达后，模腔内熔体自由冷却到固化的过程，其间需要控制冷却的温度和时间。

模具冷却温度的高低和塑料的结晶性、热性能、玻璃化温度、制品形状复杂与否及制品的使用要求等有关，此外，与其他的工艺条件也有关。模具的冷却温度不能高于高聚物的玻璃化温度或热变形温度。模温高，利于熔体在模腔内流动，于充模有利，而且能使塑料冷却速度均匀；利于大分子热运动，利于大分子的松弛，可以减少摩壁和形状复杂制品可能因为补塑不足、收缩不均和内应力大而出现的缺陷。但模温过高，生产周期长，脱模困难，是不适宜的。对于聚丙烯等结晶型塑料，模温直接影响结晶度和晶体的构型。采用适宜的模温，晶体生长良好，结晶速率也较大，可减少成型后的结晶现象，也能改善收缩不均、结晶不良的现象。

冷却时间的长短与塑料的结晶性、玻璃化温度、比容、导热率和模具温度等有关，应以制品在开模顶出时既有足够的刚度而又不致变形为宜。时间太长，生产率下降。

5. 塑料预塑化

制品冷却时，螺杆转动并后退，塑料则进入料筒进行塑化并计量，为下一次注射作准备，此为塑料的预塑化。

预塑化时，螺杆的后移速度取决于后移的各种阻力，如机械摩擦阻力及注射油缸内液压油的回泄阻力。塑料随螺杆旋转，塑化后向前堆积在料筒的前部，此时塑料熔体的压力称为塑化压力。注射油缸内液压油回泄阻力，称为螺杆的背压。这两种压力的增大，都将造成塑料的塑化量降低。

预塑化是要求得到定量的、均匀塑化的塑料熔体。塑化是靠料筒的外加热、摩擦热和剪切力等而实现的，剪切作用与螺杆的背压和转速有关。

料筒温度高低与树脂的种类、配合剂、注射量与制品大小比值、注射机类型、模具结构、喷嘴及模具的温度、注射压力和温度、螺杆的背压和转速，以及成型周期等诸多因素都有关。料筒温度总是定在材料的熔点（软化点）与分解温度之间，而且通常是分段控制，各段之间的温差为 30～50 ℃。

喷嘴加热在于维持充模的物料有良好的流动性，喷嘴温度等于或略低于料筒的温度。过高的喷嘴温度，会出现流涎现象；过低也不适宜，会造成喷嘴的堵塞。

螺杆的背压影响预塑化效果，提高背压，物料受到的剪切作用增加，熔体温度升高，塑化均匀性好，但塑化量降低。螺杆转速低可延长预塑化时间。

螺杆在较低背压和转速下塑化可提高螺杆输送计量的精确度。对于热稳定性好或熔融黏度高的塑料，应选择转速低些；对于热稳定性差或熔体黏度低的，则选择较低的背压。螺杆的背压一般为注射压力的 5%～20%。

塑料的预塑化与模具内制品的冷却定型是同时进行的，但预塑时间必定小于制品的冷却时间。

热塑性塑料的注射成型，主要是一个物理过程，但高聚物在热和力的作用下难免发生某些化学变化。注射成型应选择合理的设备和模具设计，制定合理的工艺条件，以使化学变化减到最小程度。

三、机器设备和原料

（1）主要设备：塑料注射成型机。
（2）原料：PE、PP、ABS 树脂。

四、实验程序

（1）设定实验温度，启动加热键。
（2）温度稳定 30 min 后，启动电机，投料，开冷却水。
（3）闭模，由行程开关切换实现慢速 - 快速 - 低压慢速 - 充压的闭模过程。
（4）按射出键，清理上次的残料，若喷嘴出来的料未达标准，按加料键，直到出现质地合格的熔体为止。
（5）按座进键。
（6）开防护门，按半自动键，关防护门。
（7）取出样品。

生胶 —→ 注射 —→ 保压 —→ 冷却 —→ 开模 —→ 顶出试样（制品）—→ 试样（制品）

↓

预塑

上述操作程序重复几次，观察注射取得样品的情况，调整程序使工作正常。

（8）停机。做完试样后，按手动，座退，闭模（两模具之间要留有缝隙），关闭电机和电热键。

五、注意事项

根据实验的要求，可选用手动、半自动、全自动等操作方式进行实验演示。选择开关设在操作箱内。

（1）手动。将选择开关转至"手动"位置，调整注射和保压时间继电器，关上安全门。每按一个钮，就相当完成一个动作，必须按顺序做完一个动作才按另一个动作按钮。一般是在试车、试制、校模时选用手动操作。

（2）半自动。将选择开关转至"半自动"位置，关好安全门，则各种动作会按工艺程序自动进行。即依次完成闭模、稳压、注座前进、注射、保压、预塑（螺杆转动并后退）、注座后退、冷却、启模和顶出。开安全门，取出制品。

（3）全自动。将选择开关转至"全自动"位置，关上安全门，则机器会自行按照工艺程序工作，最后由顶出杆顶出制品。由于光电管的作用，各个动作周而复始，无须打开安全门，这就要求模具有完全可靠的自动脱模装置。

（4）在温度升到设定温度以前不要启动主电机，以免损伤机械。

实验五十二　橡胶制品的加工成型

一、实验目的和要求

（1）掌握橡胶制品配方设计基本知识，熟悉橡胶加工全过程和橡胶制品模型硫化工艺。

（2）了解橡胶加工的主要机械设备如开炼机、平板硫化机等的基本结构，掌握这些设备的操作方法。

二、实验原理

生胶是橡胶弹性体，属线型高分子化合物。高弹性是它最宝贵的性能，但是过分的强韧高弹性，会给成型加工带来很大的困难，而且即使成型的制品也没有实用的价值，因此，必须通过一定的加工程序，才能成为有使用价值的材料。

生胶的加工程序以干胶工艺应用得最多且最为广泛，在配方基础上进行下列（图52-1）工艺程序：

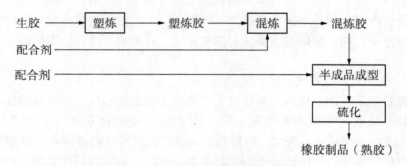

图52-1　生胶的加工程序及干胶工艺

1. 橡胶的干胶工艺

塑炼和混炼是橡胶加工的两个重要的工艺过程，通称为炼胶，其目的是要取得具有柔软可塑性，将赋予一定使用性能的、可用于成型的胶料。生胶的分子量通常都是很高的，从几十万到百万以上。过高的分子量带来的强韧高弹性给加工带来很大的困难，必须使之具备柔软可塑性才能与其他配合剂均匀混合，这就需要进行塑炼。塑炼可以通过机械的方法来完成。机械法是依靠机械剪切力的作用助以空气的氧化作用使生胶大分子降解到某种程度，从而使生胶弹性下降而可塑性得到提高。

2. 开放式炼胶机机械法混炼

天然生胶置于开炼机的两个相向转动的辊筒间隙中，在常温（小于50℃）下的反复机械作用下，受力降解，与此同时，降解后的大分子自由基在空气的氧化作用下，发生了一系列力学与化学反应。最终可以控制达到

137

一定的可塑性，生胶从原先强韧高弹性变为柔软可塑性，满足混炼的要求。塑炼的程度和塑炼的效率主要与辊筒的间隙和温度有关，间隙愈小温度愈低，力化学作用愈大，塑炼效率愈高。此外，塑炼的时间、塑炼工艺操作方法及是否加入塑解剂也影响塑炼的效果。

生胶塑炼的程度是以塑炼胶的可塑度来衡量的，塑炼过程中可取样测量，不同的制品要求具不同的可塑性，应该严格控制，过度塑炼是有害的。

混炼是在塑炼胶的基础上进行的又一个炼胶工序。本实验也是在开炼机上进行的。为了取得具有一定的可塑度且性能均匀的混炼胶，除了控制辊距的大小、适宜的辊温之外，必须注意按一定的加料混合程序进行炼胶。即量小难分散的配合剂首先加到塑炼胶中，让它有较长的时间分散；量大的配合剂则后加。硫黄用量虽少，但应最后加入，因为硫黄一旦加入，便可能发生硫化效应，过长的混合时间将使胶料的工艺性能变坏，对其后的半成品成型及硫化工序都不利。不同的制品及不同的成型工艺要求混炼胶的可塑度、硬度等都是不同的，混炼过程要随时抽样测试，并且要严格控制混炼的工艺条件。

3. 橡胶制品的硬度

橡胶制品，即硫化胶，其硬度主要取决于其硫化程度，按软硬程度通常可分为软质胶、半硬质和硬质胶。本实验配方中的硫黄加入量在 5 等份（Wt）之内，交联度不很大，所得制品柔软。选用两种促进剂对天然胶的硫化都有促进作用，不同的促进剂同时使用，是因为它们的活性强弱及活性温度有所不同，在硫化时将使促进作用更加协调，充分显示促进效果。助促进剂即活栓剂在炼胶和硫化时起活化作用。化学防老剂多为抗氧剂，用来防止橡胶大分子因加工及其后的应用过程的氧化降解作用，以达到稳定的目的。石蜡与大多数橡胶的相容性不良，能集结于制品表面起到滤光阻氧等防老化效果，并且对于加工成型有润滑性能。碳酸钙作为填充剂有增容降成本作用，其用量多少也影响制品的硬度。

4. 模压法

由于橡胶制品种类繁多，其成型方法也是多种多样的，本实验成型方法采用模压法，通常又称为模型硫化。它是一定量的混炼胶置于模具的型腔内，通过平板硫化机在一定的温度和压力下成型，同时经历一定的时间发生了适当的交联反应，最终取得制品的过程。天然橡胶是异戊二烯的聚合物，大分子的主链上有双键，硫化反应主要发生在大分子间的双键上。其机理简述如下：在适当的温度，特别是达到了促进剂的活性温度下，由于活性剂的活化及促进剂的分解成游离基，促使硫黄成为活性硫，同时聚异戊二烯主链上的双键打开形成橡胶大分子自由基，活性硫原子作为交联键桥使橡胶大分子间交联起来而成立体网状结构。双键处的交联程度与交联剂硫黄的用量有关。硫化胶作为立体网状结构，并非橡胶大分子所有的双键处都发生了交联，交联度与硫黄的量基本上是成正比关系的。所得的硫化胶制品实际上是松散的、不完全的交联结构。成型时施加一定的压力有利于活性点的接近和碰撞，促进交联反应的进行，也为了利于胶料的流动，以便取得具有适宜的密度和与模具型腔相符的制品。硫化过程要保持一定的时间，时间长短主要是由胶料的工艺性能来决定的，也是为了使交联反应达到配方设计所要求的程度。硫化过后，不必冷却即可脱模，模具内的胶料已交联定型为橡胶制品。

三、仪器设备和原料

1. 仪器设备
双辊筒炼胶机、电热平板硫化机。

2. 原料（配方）
天然橡胶 100（Wt）、硫黄 2.5 g、促进剂 CZ 1.5、促进剂 DM 0.5 g、硬脂酸 2.0 g、氧化锌 5.0 g、轻质碳酸钙 40.0 g、石蜡 1.0 g、防老剂 4010 - NA、着色剂 0.1 g。

此配方为软质胶制品：用于成型标准试样用的胶片。

四、实验程序

1. 配料
按上列配方准备原材料，准确称量并复核备用。

2. 生胶塑炼
（1）按机器的操作规程开动开放式炼胶机，观察机器是否运转正常。

（2）破胶：调节辊距为 1.5 mm，在靠近大牙轮的一端操作，以防损坏设备。生胶碎块依次连续投入两辊之间，不宜中断，以防胶块弹出伤人。

（3）薄通：胶块破碎后，将辊距调到约 0.5 mm，辊温控制在 45 ℃左右（以自来水降温）。将破胶后的胶片在大牙轮的一端加入，使之通过辊筒的间隙。使胶片直接落到接料盘内。当辊筒上已无堆积胶时，将胶片扭转90°角重新投入到辊筒的间隙中，继续薄通到规定的次数为止。

（4）捣胶：将辊距放宽至 1.0 mm，使胶片包辊后，手握割刀从左向右割至近右端边缘（不要割断），再向下割，使胶料落在接料盘上，直到辊筒

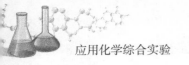

上的堆积胶将消失时才停止割刀。割落的胶随着辊筒上的余胶带入辊筒的右方，然后再从右向左同样割胶。这样的操作反复进行多次。

（5）辊筒的冷却：由于辊筒受到摩擦生热，辊温要升高，经常以手触摸辊筒，若感到烫手，则适当通入冷却水，使辊温下降，并保持不超过 50 ℃。

3. 胶料混炼

（1）调节辊筒的温度在 50～60 ℃ 之间，后辊较前辊略低些。

（2）包辊：塑炼胶置于辊缝间，调整辊距使塑炼胶既包辊又能在辊缝上部有适当的堆积胶。经 2～3 min 的辊压、翻炼后，使之均匀连续地包裹在前辊筒上形成光滑无隙的包辊胶层。取下胶层，放宽辊距至 1.5 mm 左右，再把胶层投入辊缝使其包于后辊，然后准备加入配合剂。

（3）吃粉：不同配合剂要按如下顺序分别加入。

首先，加入固体软化剂，是为了进一步增加胶料的塑性以便混炼操作，同时因为分散较困难，先加入是为了有较长时间混合，有利于分散。

其次，加入促进剂、防老剂和硬脂酸。促进剂和防老剂用量少，分散均匀度要求高，也应较早加入多混些时间（有助于分散）。此外，有些促进剂如 DM 类对胶料有增塑效果，早些加入利于混炼。防老剂早些加入又可以防止混炼时可能出现温度升高而导致的老化现象。硬脂酸是表面活性剂，它可以改善亲水性的配合剂与高分子之间的湿润性，当硬脂酸加入后，就能在胶料中得到良好的分散。

再次，加入氧化锌，氧化锌是亲水性的，在硬脂酸之后加入有利于其在橡胶中的分散。

最后，加入补强剂和填充剂。这两种助剂配比较大，要求分散好，本应早些加入，但混炼时间过长会造成粉料结聚。应采用分批、少量投入法，而且需要相当长的时间才能逐步混入到胶料中。

富液体软化剂具有润滑性，又能使填充剂和补强剂等粉料结团，不宜过早加入，通常要在填充剂和补强剂漫入之后才加入。

硫黄是最后加入的，这是为了防止混炼过程出现焦烧现象，通常在混炼后期加入。但对于丁腈胶混炼，硫黄则宜早些加，因为它在丁腈胶中分散尤其困难。再者，若是配方中的硫黄用量高达 30～50 份的硬质胶，如果最后加硫，在较短时间内是难以分散均匀的，而混炼时间过长又易引起焦烧，此情况下，可以先加硫黄混匀，最后才加入促进剂，即促进剂和硫黄必须前后分开加入。

吃粉过程每加入一种配合剂后都要捣胶两次。在加入填充剂和补强剂时，要让粉料自然地进入胶料中，使之与橡胶均匀接触混合，而不必急于捣

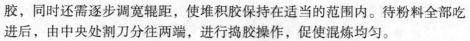

胶，同时还需逐步调宽辊距，使堆积胶保持在适当的范围内。待粉料全部吃进后，由中央处割刀分往两端，进行捣胶操作，促使混炼均匀。

（4）翻炼：全部配合剂加入后，将辊距调至 0.5～1.0 mm，通常用打三角包、打卷或折叠及走刀法等进行翻炼，至符合可塑度要求时为止。

a. 打三角包法：将包辊胶割开用右手捏住割下的左上角，将胶片翻至右下角，用左手将右上角胶片翻至左下角，反复进行该动作至胶料全部通过辊筒。

b. 打卷法：将包辊胶割开，顺势向下翻卷成圆筒状至胶料全部卷起，然后将卷筒胶垂直插入辊筒间隙，这样反复至规定的次数到混炼均匀为止。

c. 走刀法：用割刀在包辊胶上交叉割刀，连续走刀，但不割断胶片，使胶料改变受剪切力的方向，更新堆积胶。翻炼操作通常是 3～4 min，待胶料的颜色均匀一致，表面光滑即可终止。

（5）混炼胶的称量：按配方的加入量，混炼后胶料的最大损耗为总量的 0.6% 以下，若超过这一数值，胶料应予报废，须重新配炼。

4. 胶料模型硫化

（1）混炼胶试样的准备。混炼胶首先经开炼机热炼成柔软的厚胶片，然后裁剪成一定的尺寸备用。胶片裁剪的平面尺寸应略小于模腔面积，而胶片的体积要求略大于模腔的容积。

（2）模具预热。模具经清洗干净后，也可以在模具内腔表面涂上少量脱模剂，然后置于硫化机的平板上，在硫化温度 145 ℃下预热约 30 min。

（3）加料模压硫化。将已准备好的胶料试样毛坯放入已预热好的模腔内，并立即合模置于压机平板的中心位置，然后开动压机加压，胶料硫化压力为 2.0 MPa。当压力表指针指示到达所需的工作压力时，开始记录硫化时间，本实验要求保压硫化时间为 10 min，在硫化到达预定时间稍前时，去掉平板间的压力，立即趁热脱模。

（4）硫化胶试片制品的停放。脱模后的试片制品放在平整的台面上，在室温下冷却并停放 6～12 h，才能进行性能测试。

五、注意事项

（1）在开炼机上操作必须严格按操作规程进行，要求高度集中注意力。

（2）割刀时必须在辊筒的水平中心线以下部位操作。

（3）禁止戴手套操作。辊筒运转时，手不能接近辊缝处，双手尽量避免越过辊筒水平中心线上部，送料时手应作握拳状。

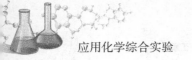

（4）遇到危险时应立即拉动安全刹车。

（5）留长辫子的学生要求戴帽或结扎成短发后操作。

六、实验数据记录

（1）实验配方（表52－1）。

（2）胶料混炼时间：_____。

（3）混炼时辊筒温度：_____。

（4）混炼后胶片放置时间：_____。

（5）硫化温度：上模板_____；下模板_____。

（6）硫化压力：_____。

（7）硫化时间：_____。

表52－1　实验配方数据记录

原　料	份　数	质　量
天然橡胶		
硫黄		
硬脂酸		
氧化锌		
轻质碳酸钙		
石蜡		
机油		
促进剂 CZ		
促进剂 DM		
防老剂 4010－NA		
着色剂		

七、讨论

（1）混炼的加料顺序、混炼时间和温度对混炼的质量有何影响？

（2）橡胶硫化的工艺条件如何确定？

第六编　精细化学品制备实验

实验五十三　十二烷基苯磺酸钠的合成

一、实验目的

(1) 掌握十二烷基苯磺酸钠的合成原理和合成方法。

(2) 了解烷基芳基磺酸盐类阴离子表面活性剂的性质和用途。

(3) 学习溶液相对密度的测定方法。

二、实验原理

1. 主要性质和用途

十二烷基苯磺酸钠（sodium dodecyl benzo sulfonate），又称石油磺酸钠，简称为 LAS、ABS – Na，是重要的阴离子表面活性剂。本品为白色固体，易溶于水，在碱性、中性及弱酸性溶液中较稳定，在硬水中有良好的润湿、乳化、分散、起泡和去污能力。易生物降解，易吸水，遇浓酸分解，热稳定性较好。

本品主要用作洗涤剂，国内大多用于制洗衣粉，在纺织、印染行业用作脱脂剂、柔软剂、匀染剂等。

2. 合成原理

主要的磺化剂为浓硫酸、发烟硫酸和三氧化硫等。以发烟硫酸做磺化剂，由烷基苯与磺化剂作用，然后用氢氧化钠中和制成，反应方程式为：

$$C_{12}H_{25}-\!\!\!\bigcirc\!\!\!- + H_2SO_4 \cdot SO_3 \longrightarrow C_{12}H_{25}-\!\!\!\bigcirc\!\!\!--SO_3H + H_2SO_4$$

$$C_{12}H_{25}-\!\!\!\bigcirc\!\!\!--SO_3H + NaOH \longrightarrow C_{12}H_{25}-\!\!\!\bigcirc\!\!\!--SO_3Na + H_2O$$

用硫酸做磺化剂，反应中生成的水使硫酸浓度降低，反应速度减慢，转化率低。

用发烟硫酸做磺化剂，生成硫酸，该反应亦是可逆反应，为使反应向右移动，需加入过量的发烟硫酸，结果产生大量的废酸需处理。

用 SO_3 做磺化剂，反应可按化学计算量定量进行，无小分子物质生成。

三、主要仪器和药品

1. 仪器

烧杯（100 mL、500 mL）、四口烧瓶（250 mL）、滴液漏斗（60 mL）、分液漏斗（250 mL）、量筒（100 mL）、温度计（0～50 ℃、0～100 ℃）、锥形瓶（150 mL）、托盘天平、碱式滴定管、滴定台、相对密度计、二孔水浴锅、电动搅拌器。

2. 药品

NaOH 溶液（含量 15%）、NaOH 溶液（0.1 mol/L）、NaOH（s）、发烟硫酸、十二烷基苯、酚酞指示剂、pH 试纸。

四、实验步骤

1. 药品量取

用相对密度计分别测定烷基苯与发烟硫酸的相对密度，用量筒量取 50 g（换算为体积）烷基苯转移至干燥的预先称量的四口烧瓶中，用量筒量取 58 g 发烟硫酸倒入滴液漏斗中。

2. 磺化

装配实验装置，在搅拌下将发烟硫酸逐滴加入烷基苯中，滴加时间 1 h。控制反应温度在 30～35 ℃，加料结束后停止搅拌，保温反应 30 min，反应结束后记下混酸质量。

3. 分酸

在原实验装置中，按 $m_{混酸}：m_{水} = 85：15$ 计算出需加水量，并通过滴液漏斗在搅拌下将水逐滴加到混酸中，温度控制在 45～50 ℃，加料时间为 0.5～1 h。反应结束后将混酸转移到事先称量的分液漏斗中，静止 30 min，分去废酸（待用），称量，记录。

4. 中和值测定

用量筒取 10 mL 水加于 150 mL 锥形瓶中，并称取 0.5 g 磺酸于锥形瓶中，摇匀，使磺酸分散，加 40 mL 水于锥形瓶中，轻轻摇动，使磺酸溶解，

滴加 2 滴酚酞指示剂，用 0.1 mol/L NaOH 溶液滴定至溶液出现粉红色，按下式计算出中和值 H。

$$H = cV/m \times 40/100$$

式中：c—— NaOH 溶液浓度，mol/L；

V—— 消耗 NaOH 溶液的体积，mL；

m—— 磺酸质量，g。

5. 中和

按中和值计算出中和磺酸所需 NaOH 的质量，称取 NaOH，并用 500 mL 烧杯配成含量为 15% 的 NaOH 溶液，置于水浴中，在搅拌下，控制温度 35～40 ℃，用滴液漏斗将磺酸缓慢加入，时间 0.5～1 h。当酸快加完时测定体系的 pH，控制反应终点的 pH 为 7～8（可用废酸和含量为 15%～20% 的 NaOH 溶液调节 pH）。反应结束后称量所得烷基苯磺酸钠的质量。

五、数据处理

将各段反应的物料及反应物质量、颜色记录于表 53 – 1 中。

1. 磺化（表 53 – 1）

表 53 – 1　磺化

反应温度：　　　　　　反应时间：

反应物	质量/g	相对密度	体积/mL	颜色
烷基苯				
发烟硫酸				
混酸				
水				

2. 中和（表 53 – 2）

表 53 – 2　中和

反应温度：　　　　　　反应时间：

反 应 物	质量/g	相对密度	色　状
磺酸			
氢氧化钠			
水			

六、注意事项

（1）磺化反应为剧烈放热反应，需严格控制加料速度及反应液温度。

（2）分酸时应控制加料速度和温度，搅拌要充分，避免结块。

（3）发烟硫酸、磺酸、废酸、氢氧化钠均有腐蚀性，操作时切勿溅到手上和衣物上。

七、思考题

（1）磺化反应的反应温度如何确定？

（2）分酸时为什么要求 $m_{混酸}：m_水 = 85：15$？

（3）中和时温度为什么控制在 $35 \sim 40$ ℃？

（4）烷基、芳基磺酸盐有哪些主要性质？

实验五十四　十二烷基二甲基苄基氯化铵的合成

一、实验目的

（1）掌握季铵盐阳离子表面活性剂的合成原理及方法。

（2）了解季铵盐阳离子表面活性剂的性质和用途。

二、实验原理

1. 主要性质和用途

十二烷基二甲基苄基氯化铵，又称匀染剂 TAN、DDP、洁尔灭、1227 表面活性剂等。产品为无色或淡黄色液体，易溶于水，不溶于非极性溶剂，抗冻、耐酸、耐硬水，化学稳定性好，属阳离子型表面活性剂。本品可做阳离子染料和腈纶染色的缓染匀染剂、织物柔软剂、抗静电剂、医疗卫生和食品行业的消毒杀菌剂、循环冷却水的水质稳定剂等。

2. 合成原理

本实验以十二烷基二甲基叔胺为原料，以氯化苄为烷化剂来制备。其反应式为：

$$C_{12}H_{25}-\overset{CH_3}{\underset{CH_3}{N}}-CH_3 \quad + \quad \overset{CH_2Cl}{\bigcirc} \quad \longrightarrow \quad \left[C_{12}H_{25}-\overset{CH_3}{\underset{CH_3}{N}}-\overset{H_2}{C}-\bigcirc \right]^{+} Cl^{-}$$

三、主要仪器和药品

1. 仪器

电动搅拌器、电热套、温度计（0～100 ℃）、球形冷凝管、四口烧瓶（250 mL）、烧杯（25 mL、250 mL）、界面张力仪、罗氏泡沫仪。

2. 药品

十二烷基二甲基叔胺、氯化苄。

四、实验内容

1. 合成

在装有搅拌器、温度计和球形冷凝管的 250 mL 四口烧瓶中，加入 44 g 十二烷基二甲基叔胺和 24 g 氯化苄，搅拌并升温至 90～100 ℃，恒温回流反应 2 h，成品为白色黏稠液体。

2. 测定

测定其表面张力和泡沫性能。

五、注意事项

界面张力仪和罗氏泡沫仪均为精密仪器，使用时要特别注意操作方法。

六、思考题

（1）季铵盐型与铵盐型阳离子表面活性剂的性质有何区别？

（2）制备季铵盐型阳离子表面活性剂常用的烷基化剂有哪些？

（3）试述季铵盐型阳离子表面活性剂的工业用途。

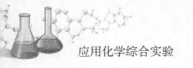

实验五十五　月桂醇聚氧乙烯醚的合成

一、实验目的

（1）掌握聚氧乙烯醚型表面活性剂月桂醇聚氧乙烯醚的合成原理和合成方法。

（2）了解月桂醇聚氧乙烯醚的性质和用途。

二、实验原理

1. 主要性质和用途

月桂醇聚氧乙烯醚，又称聚氧乙烯十二醇醚，代号 AE，属非离子型表面活性剂。非离子表面活性剂是一种含有在水中不解离的羟基（—OH）和醚键结构（—O—），并以它们为亲水基的表面活性剂。由于—OH 和—O—结构在水中不解离，因而亲水性极差。光靠一个羟基或醚键结构，不可能将很大的疏水基溶解于水，因此，必须要同时有几个这样的基团或结构才能发挥其亲水性。这一点与只有一个亲水基就能很好地发挥亲水性的阳离子及阴离子表面活性剂大不相同。

聚氧乙烯醚类非离子表面活性剂，是用亲水基原料环氧乙烷与疏水基原料高级醇进行加成反应而制得的，产品为无色透明黏稠液体。

此类表面活性剂的亲水基，由醚键结构和羟基二者组成。疏水基加成的环氧乙烷越多，醚键结合就越多，亲水性也越大，也就越易溶于水。

本品主要用于制家用和工业用的洗涤剂，也可作为乳化剂、匀染剂等。

2. 合成原理

高碳醇在碱催化剂（金属钠、甲醇钠、氢氧化钾、氢氧化钠等）存在下和环氧乙烷的反应，随温度条件不同而异。当反应温度在 130 ～ 190 ℃时，虽所用催化剂不同，但反应速度没有明显差异。而当温度低于 130 ℃时，则反应速度按催化剂不同，有如下顺序：烷基醇钾 > 丁醇钾 > 氢氧化钾 > 烷基醇钠 > 乙醇钠 > 甲醇钠 > 氢氧化钠。这说明在不同的反应温度条件下，其反应机理不同。

聚氧乙烯化反应分两步进行，首先是一个 EO（环氧乙烷）加成到疏水物上，得到一元加成物，随后继续发生加成反应，直至生成目的产物。脂肪醇聚氧乙烯醚是非离子表面活性剂中最重要的一类产品。由于它具有低泡性，能用于低温洗涤，有较好的生物降解性，价格低廉，所以得到广泛应用和迅速发展。

月桂醇聚氧乙烯醚是其中最重要的一种，它是由 1 mol 的月桂醇和 3 ~ 5 mol 的环氧乙烷加成制得，反应方程式为：

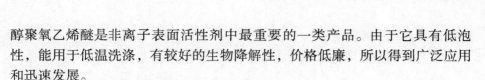

三、主要仪器和药品

1. 仪器

电动搅拌器、电热套、四口烧瓶（250 mL）、球形冷凝管、温度计（0 ~ 200 ℃）。

2. 药品

月桂醇、液体环氧乙烷、氢氧化钾、氮气、冰醋酸、过氧化氢。

四、实验内容

取 46.5 g（0.25 mol）月桂醇、0.2 g 氢氧化钾加入四口烧瓶中，将反应物加热至 120 ℃，通入氮气，置换空气。然后升温至 160 ℃，边搅拌边滴加 44 g（1 mol）液体环氧乙烷，控制反应温度在 160 ℃，环氧乙烷在 1 h 内加完。保温反应 3 h。冷却反应物至 80 ℃时放料，用冰醋酸中和至 pH 为 6，再加入反应物含量为 1% 的过氧化氢，保温 0.5 h 后出料。

五、注意事项

严格按照钢瓶使用方法使用氮气钢瓶。氮气通入量不要太大，以冷凝管口看不到气体为适度。

六、思考题

（1）脂肪醇聚氧乙烯醚类非离子表面活性剂有哪些主要性质？用于洗

涤剂工业是利用哪些性质？

（2）本实验成败的关键是什么？

实验五十六　洗发香波的制备

一、实验目的

（1）掌握配制洗发香波的工艺。

（2）了解洗发香波中各组分的作用和配方原理。

二、实验原理

1. 主要性质和分类

洗发香波（shampoo）是洗发用化妆洗涤用品，是一种以表面活性剂为主的加香产品。它不但有很好的洗涤作用，而且有良好的化妆效果。在洗发过程中不但去油污，去头屑，不损伤头发，不刺激头皮，不脱脂，而且洗后头发发亮、美观、柔软、易梳理。

洗发香波在液体洗涤剂中产量居第 3 位。其种类很多，所以其配方和配制工艺也是多种多样的。可按洗发香波的形态、特殊成分、性质和用途来分类。

（1）按香波的主要成分表面活性剂的种类，可将洗发香波分成阴离子型、阳离子型、非离子型和两性离子型。

（2）按不同发质，可将洗发香波分为通用型、干性头发用、油性头发用和中性头发用洗发香波等。

（3）按液体的状态，可分为透明洗发香波、乳状洗发香波、胶状洗发香波等。

（4）按产品的附加功能，可制成各种功能性产品，如去头屑香波、止痒香波、调理香波、消毒香波等。

在香波中添加特种原料，改变产品的性状和外观，可制成蛋白香波、菠萝香波、草莓香波、黄瓜香波、啤酒香波、柔性香波、珠光香波等。

还有具有多种功能的洗发香波，如兼有洗发护发作用的"二合一"香波，兼有洗发、去头屑、止痒功能的"三合一"香波等。

2. 配制原理

现代的洗发香波已突破了单纯的洗发功能，成为洗发、洁发、护发、美发等化妆型的多功能产品。

在对产品进行配方设计时要遵循以下原则：①具有适当的洗净力和柔和的脱脂作用；②能形成丰富而持久的泡沫；③具有良好的梳理性；④洗后的头发具有光泽、潮湿感和柔顺性；⑤洗发香波对头发、头皮和眼睑要有高度的安全性；⑥易洗涤、耐硬水，在常温下洗发效果应最好；⑦用洗发香波洗发，不应给烫发和染发操作带来不利影响。

在配方设计时，除应遵循以上原则外，还应注意选择表面活性剂，并考虑其有良好的配伍性。主要原料有：①能提供泡沫和去污作用的主表面活性剂，其中以阴离子表面活性剂为主；②能增进去污力和促进泡沫稳定性，改善头发梳理性的辅助表面活性剂，其中包括阴离子、非离子、两性离子型表面活性剂；③赋予香波特殊效果的各种添加剂，如去头屑药物、固色剂、稀释剂、螯合剂、增溶剂、营养剂、防腐剂、染料和香精等。

3. 主要原料

洗发香波的主要原料由表面活性剂和一些添加剂组成。表面活性剂分主表面活性剂和辅助表面活性剂两类。主剂要求泡沫丰富，易扩散，易清洗，去垢性强，并具有一定的调理作用。辅剂要求具有增强稳定泡沫作用，洗后头发易梳理、易定型、光泽、快干，并具有抗静电等功能，与主剂具有良好的配伍性。

常用的主表面活性剂有：阴离子型的烷基醚硫酸盐和烷基苯磺酸盐，非离子型的烷基醇酰胺（如椰子油酸二乙醇酰胺等）。常用的辅助表面活性剂有：阴离子型的油酰氨基酸钠（雷米邦）、非离子型的聚氧乙烯山梨醇酐单酯（吐温）、两性离子型的十二烷基二甲基甜菜碱等。

香波的添加剂主要有：增稠剂烷基醇酰胺、聚乙二醇硬脂酸酯、羧甲基纤维素钠、氯化钠等。遮光剂或珠光剂则包括硬脂酸乙二醇酯、十八醇、十六醇、硅酸铝镁等。香精多为水果香型、花香型和草香型。螯合剂最常用的是乙二胺四乙酸钠（EDTA）。常用的去头屑止痒剂有硫、硫化硒、吡啶硫铜锌等。滋润剂和营养剂有液状石蜡、甘油、聚氧乙烯山梨醇酰单酯、羊毛酯衍生物、硅酮等，还有胱氨酸、蛋白酸、水解蛋白和维生素等。

三、主要仪器和药品

1. 仪器

电炉、水浴锅、电动搅拌器、温度计（0～100 ℃）、烧杯（100 mL、250 mL）、量筒（10 mL、100 mL）、托盘天平、玻璃棒、滴管。

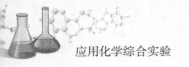

2. 药品

脂肪醇聚氧乙烯醚硫酸钠（AES）、脂肪醇二乙醇酰胺（尼诺尔）、硬脂酸乙二醇酯、十二烷基苯磺酸钠（ABS - Na）、十二烷基二甲基甜菜碱（BS - 12）、聚氧乙烯山梨醇酐单酯、羊毛酯衍生物、柠檬酸、氯化钠、香精、色素。

四、实验内容

1. 配方

配方见表 56 - 1，可自选。

表 56 - 1　洗发香波的参考配方

名　　称	活性物	配方 1	配方 2	配方 3	配方 4
脂肪醇聚氧乙烯醚硫酸钠（AES）	70%	8.0%	15.0%	9.0%	4.0%
脂肪醇二乙醇酰胺（6501、尼诺尔）	70%	4.0%		4.0%	4.0%
十二烷基二甲基甜菜碱（BS - 12）	30%	6.0%		12.0%	
十二烷基苯磺酸钠（ABS - Na）	30%				15.0%
硬脂酸乙二醇酯				2.5%	
聚氧乙烯山梨醇酐单酯（吐温）	50%		90%		
柠檬酸		适量	适量	适量	适量
苯甲酸钠		1.0%	1.0%		
NaCl		1.5%	1.5%		
色素		适量	适量	适量	适量
香精		适量	适量	适量	适量
去离子水		余量	余量	余量	余量
香波分类		调理香波	透明香波	珠光调理香波	透明香波

2. 操作步骤

（1）将去离水称量后加入 250 mL 烧杯中，将烧杯放入水浴锅中加热至 60 ℃。

（2）加入 AES，控温在 60～65 ℃，并不断搅拌至全部溶解。

（3）控温 60～65 ℃，在连续搅拌下加入其他表面活性剂至全部溶解，再加入羊毛酯、珠光剂或其他助剂，缓慢搅拌使其溶解。

（4）降温至 40 ℃以下，加入香精、防腐剂、染料、螯合剂等，搅拌均匀。

（5）测 pH，用柠檬酸调节 pH 为 5.5～7.0。

（6）接近室温时，加入食盐调节到所需黏度，并用黏度计测定香波的黏度。

五、注意事项

（1）用柠檬酸调节 pH 时，柠檬酸需配成含量为 50% 的溶液。

（2）用食盐增稠时，食盐需配成含量为 20% 的溶液。加入食盐的含量不超过 3%。

（3）加硬脂酸乙二醇酯时，温度控制在 60～65 ℃，且慢速搅拌，缓慢冷却，否则体系无珠光。

六、思考题

（1）洗发香波配方原则有哪些？

（2）洗发香波配制的主要原料有哪些？为什么必须控制香波的 pH？

（3）可否用冷水配制洗发香波？如何配制？

附 洗发香波常用配方

1. 透明液体香波

透明液体香波是最流行的一类香波，一般黏度较低，选择组分时，必须考虑在低温下仍能保持清澈透明。见表 56 – 2、表 56 – 3。

表 56 – 2 透明香波配方

名 称	含 量
含量为 33% 的三乙醇胺月桂基硫酸盐	45%
椰子单乙醇酰胺	2%
香精、色素、防腐剂	适量
蒸馏水	加至 100%

表56 –3　透明香波配方

名　　　称	含　　量
月桂基氨基丙酸	10%
含量33%的三乙醇胺月桂基硫酸盐	25%
椰子油酸二乙醇酰胺	2.5%
乳酸	调pH至4.5～5.0
香精、色素、防腐剂	适量
蒸馏水	加至100%

2. 液露香波

液露香波也称为液体乳状香波，它与透明液体香波的主要区别是组成中含有一定量的不透明组分，如脂肪酸金属盐或乙二醇酯等。见表56 – 4、表56 – 5。

表56 –4　液露香波配方

名　　　称	含　　量
月桂基硫酸钠	25%
聚乙二醇（400）二硬脂酸酯	5%
硬脂酸镁	2%
脂肪酸烷醇酰胺、香精	适量
蒸馏水	加至100%

表56 –5　液露香波配方

名　　　称	含　　量
含量为30%的月桂基硫酸钠	20%
椰子油酸二乙醇酰胺	5%
蛋黄	1%
氯化钠	0.25%
磷酸	调pH至7.5～8.0
香精、色素、防腐剂	适量
蒸馏水	加至100%

3. 儿童香波

儿童香波应采用极温和的表面活性剂，使其具有温和的去油污作用，不刺激皮肤和眼睛。常用两性表面活性剂和磺基琥珀酸衍生物。见表56－6。

表56－6　儿童香波配方

名　　称	含　　量
含量为30%的3－椰子酰胺基丙基二甲基菜碱	17.1%
含量为65%的三癸醚硫酸盐	8.3%
山梨糖醇单月桂酸酯	7.5%
色素、防腐剂	适量
蒸馏水	加至100%

4. 膏状香波及胶凝香波

常使用高浓度月桂基硫酸钠或其他在室温下难溶解，而高于室温又能溶解的表面活性剂。为增加稠度，需加少量硬脂酸钠或皂类。见表56－7、表56－8。

表56－7　膏状香波配方

名　　称	含　　量
月桂基硫酸钠	20%
椰子单乙醇酰胺	1%
单丙二醇硬脂酸酯	2%
硬脂酸	5%
苛性钠	0.75%
香精、色素、防腐剂	适量
蒸馏水	加至100%

表 56 – 8　胶凝香波配方

名　　称	含　量
浓 Mironol C$_2$M	15%
含量为 40% 的三乙醇胺月桂基硫酸盐	25%
椰子二乙醇酰胺	10%
羟丙基甲基纤维素	1%
香精、防腐剂等	适量
蒸馏水	加至 100%

5. 抗头屑和药物香波

上述各类香波均可以添加适当药物，制成具有一定功效的药物香波。见表 56 – 9。

表 56 – 9　抗头屑香波配方

名　　称	含　量
三乙醇胺月桂基硫酸盐	15%
月桂酸二乙醇酰胺	3%
抗菌剂	0.5%～10%
色素、香精	适量
蒸馏水	加至 100%

实验五十七　护发素的制备

一、实验目的

（1）了解护发素成分。
（2）掌握护发素的配制方法。

二、实验原理

护发素又称为护发剂润丝膏、膏状漂洗剂或头发调理剂，是一种发用化妆品，外观呈乳膏状。

护发素主要组分是阳离子表面活性剂。阳离子表面活性剂能吸附于毛发表面，形成一层薄膜，从而使头发柔软，并赋予头发自然光泽，还能抑制静电产生，减少脱发和脆断作用，易于梳理。膏体应细腻，不分离，稀释液刺激皮肤和眼睛。其基本配方见表 57 − 1。

表 57 −1　护发素基本配方

名　　称	含　　量	名　　称	含　　量
1631（十六烷基三甲基溴化铵）	4%	十八醇	2%
硬脂酸单甘油酯	1%	三乙醇胺	1%
脂肪醇聚氧乙烯醚	1%	甘油	3%
香料	适量	去离子水	余量

三、主要仪器和药品

（1）仪器：电炉、烧杯（200 mL）、玻璃棒、托盘天平。

（2）药品：1631、十八醇、硬脂酸单甘油酯、三乙醇胺、脂肪醇聚氧乙烯醚、香料、甘油。

四、实验内容

取 4 g 1631、2 g 十八醇、1 g 硬脂酸单甘油酯、88 mL 去离子水于 200 mL 烧杯中，搅拌溶解后，加入已经加热的 1 g 三乙醇胺、1 g 脂肪醇聚氧乙烯醚、3 g 甘油和少量香料，搅拌均匀，冷却即得产品。

五、注意事项

（1）溶解缓慢时可微热。

（2）同学们可带回产品试用。

六、思考题

护发素的护发原理是什么？

附 护发素配方

护发素配方见表 57 - 2。

表 57 - 2 护发素配方

名 称	配方 1 含量	配方 2 含量
烷基二甲基苄基氯化铵	5.0%	
烷基二甲基氯化铵	3.0%	3.0%
丙二醇		4.5%
十六醇		3.5%
乙醇	5.0%	
尼泊金甲酯	0.2%	0.2%
香精色素	适量	适量
去离子水	加至 100%	加至 100%
护发素分类	透明护发素	乳液护发素

实验五十八 肉桂醛的合成

一、实验目的

（1）学习由苯甲醛和乙醛在碱性条件下经羟醛缩合反应制取肉桂醛的原理和方法。

（2）进一步熟悉减压蒸馏的基本操作。

二、实验原理

1. 主要性质和用途

肉桂醛（cinnamal dehyde），学名桂皮醛、桂醛、β - 苯丙烯醛，其结构为（$C_6H_5CH = CHCHO$）。肉桂醛是无色至淡黄色油状液体，具有浓郁的桂皮芳香气味、药辛香气；在空气中易氧化成桂酸。熔点 - 7.5 ℃，沸点

253 ℃（常压），相对密度 1.0497（20 ℃/4 ℃），折光率 1.6195，易溶于醇、醚、氯仿和苯，微溶于水。肉桂醛是重要的合成香料，广泛应用于饮料和食品的增香剂、化妆品的香精等领域，主要用于调制素馨、铃兰、玫瑰等日用香精；也用于食品香料，除用于调味品类、甜酒等，还用于苹果、樱桃等香精的制备；同时它还是医药的中间体。

2. 合成原理

碱催化羟醛缩合制备肉桂醛的反应机理如下：

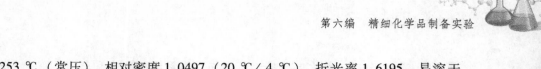

从上式可以看出，其原料和产品都是醛类，若控制不好，在碱性条件下，这 3 种各自或彼此之间会发生缩合、聚合等副反应，主要有：

（1）合成的肉桂醛再与乙醛缩合产生高沸点物质 5 - 苯基 - 2,4 - 戊二烯醛，所以要少加乙醛来加以防止，如若有少许产生，可以在分馏时除去。

（2）苯甲醛或肉桂醛的自身缩合或聚合。

（3）乙醛自身缩合成 4 个或 8 个以上碳原子的化合物，其沸点高低不同，分布很广，难以用分馏除去，所以应严格控制条件，尽量降低这类聚合物的生成。

三、主要仪器和药品

（1）仪器：四口烧瓶（250 mL）、球形冷凝管、减压蒸馏装置、电动搅拌机、温度计（0 ~ 200 ℃）、滴液漏斗（60 mL、250 mL）、分液漏斗（250 mL）、烧杯（100 mL、250 mL）等。

（2）药品：苯甲醛、乙醛（33%）、氢氧化钠（50%）、苯。

四、肉桂醛的制备

在装有搅拌器、温度计、滴液漏斗和球形冷凝管的 250 mL 四口烧瓶内，加入 26.6 g 纯苯甲醛和 50 mL 水，于 20 ℃下加入 20 mL 50%的氢氧化钠和 10 mL 苯，开始剧烈搅拌，从滴液漏斗中快速滴加 13 mL 33%乙醛溶液，利用水浴或凉水控制反应温度为 20 ℃，快速搅拌反应 4 h。将反应物倒入分液

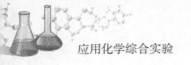

漏斗中，静置分层，将水层放掉，苯层加入少量浓盐酸中和至 pH 为 7，分出水层。苯层减压蒸馏，蒸出苯和苯甲醛，收集 130 ℃（20 mmHg，即 2.67 kPa）馏分，得肉桂醛（浅黄色油状液体），用阿贝折光仪测定产品的折光率。

五、注意事项

（1）温度控制在 20 ℃，必要时用冰水冷却。
（2）加入乙醛时要快速加完。
（3）反应时要快速搅拌。

六、思考题

（1）为什么反应的温度要控制在 20 ℃？
（2）反应时快速搅拌的目的是什么？
（3）用苯甲醛和乙醛在碱性条件下制备肉桂醛的反应，还有哪些副反应发生？

实验五十九　丙烯酸系压敏胶的制备

一、实验目的

学习丙烯酸系压敏胶的制备方法。

二、实验原理

1. 主要性质和用途

丙烯酸系压敏胶是丙烯酸酯的聚合物，具有橡胶类聚合物压敏胶所没有的或耐气候性和耐油性等优良特性。

丙烯酸类压敏胶有溶剂型和水系乳液型。溶剂型为丙烯酸类压敏胶的配方基础，具有优良的内聚性能和黏附性能。乳液型虽内聚性能也好，但其黏附性能欠佳。

丙烯酸系压敏胶在现代工业和日常生活中应用广泛，大量用于包装、电气

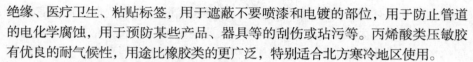

绝缘、医疗卫生、粘贴标签，用于遮蔽不要喷漆和电镀的部位，用于防止管道的电化学腐蚀，用于预防某些产品、器具等的刮伤或玷污等。丙烯酸类压敏胶有优良的耐气候性，用途比橡胶类的更广泛，特别适合北方寒冷地区使用。

2. 丙烯酸系压敏胶的基本成分和作用

丙烯酸系压敏胶大致有 3 种基本成分，即起黏附作用的碳原子数 4～12 的丙烯酸烷基醇，其聚合物的玻璃化温度（T_g）为 -70～-20 ℃。这类单体一般要占到压敏胶的 50% 以上。起内聚作用的低烷基团，如丙烯酸烷基酯、甲基丙烯酸烷基酯、丙烯腈、苯乙烯、醋酸乙烯、偏氯乙烯等。内聚成分可以提高内聚力，提高产品的黏附性、耐水性、工艺性和透明度。起改性作用的官能团成分，如丙烯酸、甲基丙烯酸、N-羟甲基丙烯酰胺等单体。改性成分能起到交联作用，提高内聚强度、黏接性能以及聚合物的稳定性等。以上 3 种成分是丙烯酸压敏胶的基础。

黏附成分、内聚成分和官能团成分是构成丙烯酸压敏胶的基本成分，凡能使黏附性能、内聚性能与黏接性能 3 种物理性能保持平衡的配方均可采用。但这三者之间具相反倾向，因此采用多种单体共聚。溶剂型压敏胶在溶剂中进行单体共聚得到产品。乳液型在水中以乳化剂将单体乳化进行共聚得到乳液态产品。从降低公害和能源消耗等来说，水乳型是发展的方向。

本实验介绍乳液型丙烯酸压敏胶的制备工艺。

三、主要仪器和药品

1. 仪器

四口烧瓶（250 mL）、球形冷凝管、直形冷凝管、滴液漏斗（60 mL）、烧杯（200 mL、500 mL）、温度计（0～100 ℃）、量筒（10 mL、100 mL）、电动搅拌机、托盘天平、水浴锅、电热套等。

2. 药品

丙烯酸 2-乙基己酯、丙烯酸甲酯、醋酸乙烯、丙烯酸、氢化松香甘油酯、十二烷基磺酸钠、过硫酸铵、碳酸氢钠、正丁基硫醇、乙醇胺、N-羟甲基丙烯酰胺。

四、实验内容

乳液型丙烯酸压敏胶的制备。水系乳液型丙烯酸类压敏胶单体的组成，一般还是由起黏附作用的丙烯酸异辛酯、丙烯酸丁酯，起内聚作用的丙烯酸

甲酯、甲基丙烯酸甲酯、丙烯酸乙酯、醋酸乙烯酯等和起改性作用的官能团单体如丙烯酸、丙烯酸羟乙酯或丙酯、衣原酸等组成。只有在三组分配比合理的情况下，才能使黏附性能、内聚性能、黏接性能保持平衡，获得性能良好的压敏胶。

1. 常见的配方（表59-1）

表59-1　乳液型压敏胶配方

名　称	单位/g	名　称	单位/g
丙烯酸2-乙基己酯	86	丙烯酸甲酯	5
醋酸乙烯酯	4	丙烯酸	3
氢化松香甘油酯	2	十二烷基硫酸钠	0.5
过硫酸钠	0.3	碳酸氢钠	0.3
正丁基硫醇	0.1	水	120.5
N-羟甲基丙烯酰胺	3		

2. 单体乳化

在装有搅拌器的反应锅中，加入一定量的十二烷基硫酸钠与去离子水，加入丙烯酸，搅拌均匀。加入一半数量的丙烯酸2-乙基己酯、丙烯酸甲酯和醋酸乙烯酯，搅拌均匀。再加入剩下的一半丙烯酸2-乙基己酯、丙烯酸甲酯和醋酸乙烯酯液和正丁基硫醇，充分搅拌，形成具有一定黏度的乳液。

3. 聚合

在有搅拌器、冷凝器、温度计和滴液漏斗的四口瓶中，加入剩下的（1/5）十二烷基硫酸钠乳化剂和碳酸氢钠，以及一定量的去离子水。开始以80～120 r/min的速度进行搅拌，同时加热升温，当温度升至84 ℃左右，加上述乳液约1/10，加过硫酸铵总量的一半左右。过硫酸铵宜配成含量为10%的溶液使用。当溶液出现蓝色荧光共聚物时，开始均匀地、慢慢地加剩下的乳液和过硫酸铵溶液，控制在2～3 h加完，控温78～85 ℃。加完料后保温1 h。然后加入单体含量1%左右的乙醇胺，在常温搅拌6 h以上，脱去游离单体，达到除臭之目的。最后在常温下加入N-羟甲基丙烯酰胺，搅拌均匀，以80～100目的滤网过滤即得压敏胶黏剂。

五、注意事项

严格按加料顺序加料，并控制加料速度。

六、思考题

（1）什么叫压敏胶？丙烯酸乳液压敏胶有哪些优点？
（2）为什么必须按顺序加料？加入速度过快有什么缺点？
（3）反应最后加入乙醇胺的目的是什么？

附　目前广泛使用的双向拉伸聚丙烯（BOPP）压敏胶带所用水乳型丙烯酸酯压敏胶的原料配比和合成方法

1. 原料配比（表59 – 2）

表59 – 2　聚丙烯压敏胶配方

名　　称	单位/g	名　　称	单位/g
丙烯酸丁酯（BA）	50～80	乳化剂 B（阴离子）	0.1～1.0
丙烯酸 – 2 – 乙基己酯（2 – EHA）	10～30	过硫酸铵	0.1～0.8
甲基丙烯酸甲酯（MMA）	5～20	碳酸氢钠	0～1
丙烯酸（AA）	1～4	十二烷基硫醇	0～0.2
丙烯酸 β – 羟丙酯（HPA）	0.5～5	氨水	适量
乳化剂 A（非离子型）	1～5	蒸馏水	80

2. 合成方法

在装有电动搅拌器、回流冷凝器、温度计及滴液漏斗的 250 mL 四口瓶中，加入已配制好的乳化剂混合液（乳化剂 A、乳化剂 B、碳酸氢钠、过硫酸铵、十二烷基硫醇、蒸馏水）的 1/3。另将单体混合液（BA、2 – EHA、AA、HPA）与余下的乳化剂混合液在另一三口瓶中于室温下快速搅拌乳化 15 min，取其 4/5 注入滴液漏斗中，同时将余下的 1/5 注入四口烧瓶中。开动搅拌并升温，控制搅拌速度约 120 r/min，在 80 ℃下反应 0.5 h 后，开始

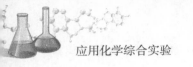

滴加乳化单体混合液，控制在 1.5 h 内滴完，继续在 80～85 ℃下反应 1～1.5 h。降温至 60 ℃以下，用少许氨水调节其 pH 至 9 后出料；放置过夜或数天后 pH 会自然地下降至 7.2 左右。

实验六十　聚丙烯酸酯乳胶涂料的配制

一、实验目的

(1) 熟悉聚丙烯酸酯乳液的合成方法，进一步熟悉乳液聚合的原理。

(2) 了解聚丙烯酸酯乳胶涂料的性质和用途。

(3) 掌握聚丙烯酸酯乳胶涂料的配制方法。

二、实验原理

1. 主要性能和用途

聚丙烯酸酯乳胶涂料（polyacrylate latex paint）为黏稠液体。其耐候性、保色性、耐水性、耐碱性等性能均比聚醋酸乙烯乳胶涂料好。聚丙烯酸酯乳胶涂料是主要的外墙用乳胶涂料。由于聚丙烯酸酯乳胶涂料有许多优点，所以近年来品种和产量增长很快。

2. 合成乳液配制及涂料的原理

(1) 聚丙烯酸酯乳液。聚丙烯酸酯乳液通常是指丙烯酸酯、甲基丙烯酸酯，有时也有用少量的丙烯酸或甲基丙烯酸等共聚的乳液。聚丙烯酸酯乳液相比聚醋酸乙烯酯乳液有许多优点：对颜料的黏接能力强，耐水性、耐碱性、耐光性、耐候性均比较好，施工性能优良。在新的水泥或石灰表面上用聚丙烯酸酯乳胶涂料比用聚醋酸乙烯乳胶涂料好得多。因聚丙烯酸酯乳胶的涂膜遇碱皂化后生成的钙盐不溶于水，故能保持涂膜的完整性。而聚醋酸乙烯乳液皂化后的产物是聚乙烯醇，是水溶性的，其局部水解的产物是高乙酰基聚乙烯醇，水溶性更大。

各种不同的丙烯酸酯单体都能共聚，也可以和其他单体（如苯乙烯和醋酸乙烯等）共聚。乳液聚合一般和前述醋酸乙烯乳液相仿，引发剂常用的也是过硫酸盐。如用氧化还原法（如过硫酸盐－重亚硫酸钠等），单体可分三四次分批加入。

表面活性剂也和聚醋酸乙烯相仿，可以用非离子型或阴离子型的乳化剂。操作也可采取逐步加入单体的办法，主要是为了使聚合时产生的大量热能很好地扩散，使反应均匀进行。在共聚乳液中也必须用缓慢均匀地加入混合单体的方法，以保证共聚物的均匀。

　　常用的乳液单体配比可以是丙烯酸乙酯（含量65%）、甲基丙烯酸甲酯（含量33%）、甲基丙烯酸（含量2%），或者是丙烯酸丁酯（含量55%）、苯乙烯（含量43%）、甲基丙烯酸（含量2%）。甲基丙烯酸甲酯或苯乙烯都是硬单体，用苯乙烯可降低成本；丙烯酸乙酯或丙烯酸丁酯两者都是软性单体，但丙烯酸丁酯要比丙烯酸乙酯软些，其用量也可以比丙烯酸乙酯用量少些。

　　在共聚乳液中，加入少量丙烯酸或甲基丙烯酸，对乳液的冻融稳定性有帮助。此外，在生产乳胶涂料时加氨或碱液中和也起增稠作用。但在和醋酸乙烯共聚时，如制备丙烯酸丁酯（含量49%）、醋酸乙烯（含量49%）、丙烯酸（含量2%）的碱增稠的乳液时，单体应分两个阶段加入，在第一阶段加入丙烯酸和丙烯酸丁酯，在第二阶段加入丙烯酸丁酯及醋酸乙烯，因为醋酸乙烯和丙烯酸共聚时有可能在反应中有酯交换发生，产生丙烯酸乙烯，它能起交联作用而使乳液的黏度不稳定。

　　（2）聚丙烯酸酯乳胶涂料。聚丙烯酸酯乳胶涂料的配制和聚醋酸乙烯酯乳胶涂料一样，除了颜料以外要加入分散剂、增稠剂、消泡剂、防霉剂、防冻剂等助剂，所用品种也基本上和聚醋酸乙烯酯乳胶涂料一样。

　　聚丙烯酸酯乳胶涂料由于耐候性、保色性、耐水耐碱性都比聚醋酸乙烯酯乳胶涂料要好些，因此主要用作制造外用乳胶涂料。在外用时钛白就需选用金红石型，着色颜料也需选用氧化铁等耐光性较好的品种。

　　分散剂都用六偏磷酸钠和三聚磷酸盐等，也有介绍用接基分散剂如二异丁烯顺丁烯二酸酐共聚物的钠盐。增稠剂除聚合时加入少量丙烯酸、甲基丙烯酸与碱中和后起一定增稠作用外，还加入羧甲基纤维素、羟乙基纤维素、羟丙基纤维素等作为增稠剂。消泡剂、防冻剂、防锈剂、防霉剂和聚醋酸乙烯酯乳胶涂料一样，但作为外用乳胶涂料，防霉剂的量要适当多一些。

三、主要仪器和药品

1. 仪器

四口烧瓶（250 mL）、球形冷凝管、温度计（0～100 ℃）、电动搅拌器、滴液漏斗（60 mL）、电热套、烧杯（250 mL、800 mL）、水浴锅、点滴板。

2. 药品

丙烯酸丁酯、甲基丙烯酸甲酯、甲基丙烯酸、过硫酸铵、非离子表面活性剂、丙烯酸乙酯、亚硫酸氢钠、苯乙烯、丙烯酸、十二烷基硫酸钠、金红石型钛白粉、碳酸钙、云母粉、二异丁烯顺丁烯二酸酐共聚物、烷基苯聚碳酸钠、环氧乙烷、羟乙基纤维素、羟甲基纤维素、消泡剂、防霉剂、乙二醇、松油醇、丙烯酸酯共聚乳液（含量50%）、碱溶丙烯酸酯共聚乳液（含量45%）、氨水、颜料。

四、实验内容

1. 聚丙烯酸酯乳液合成

下面介绍两个不同配方乳液的合成工艺。

（1）纯丙烯酸酯乳液（表60-1）。

表60-1 聚丙烯酸酯乳液配方

名　　称	单位/g	名　　称	单位/g
丙烯酸丁酯	33	水	63
甲基丙烯酸甲酯	17	烷基苯聚醚磺酸钠	1.5
甲基丙烯酸	1	过硫酸铵	0.2

操作：乳化剂在水中溶解后加热升温到60 ℃，加入过硫酸铵和含量为10%的单体，升温至70 ℃，如果没有显著的放热反应，逐步升温直至放热反应开始，待温度升至80～82 ℃，将余下的混合单体缓慢而均匀加入，约2 h加完，控制回流温度，单体加完后，在30 min 内将温度升至97 ℃，保持30 min，冷却。用氨水调 pH 至8～9。

（2）苯丙乳液（表60-2）。

表60-2 苯丙乳液配方

名　　称	单位/g	名　　称	单位/g
苯乙烯	25	过硫酸铵	0.2
丙烯酸丁酯	25	十二烷基硫酸钠	0.25
丙烯酸	1	烷基酚聚氧乙烯醚	1.0
水	50		

操作：用烧杯将表面活性剂溶解在水中加入单体，在强力搅拌下，使之乳化成均匀的乳化液，取 1/6 乳化液放入三口烧瓶中，加入引发剂的 1/2，慢慢升温至放热反应开始，将温度控制在 70～75 ℃之间，慢慢连续地加入乳化液，并补加部分引发剂控制热量平衡，使温度和回流速度保持稳定，反应 2 h 后升温至 95～97 ℃，恒温 30 min，或抽真空除去未反应的单体，冷却。用氨水调 pH 至 8～9。

（3）乳胶漆用甲基丙烯酸甲酯作为硬性单体，用丙烯酸丁酯作为塑性单体。（2）中用苯乙烯硬性单体代替甲基丙烯酸甲酯，价格可便宜很多，基本上也能达到外用乳胶漆的要求。也可以用其他不同的单体，调整其配比来达到相近的质量要求。操作工艺也不同。（2）的工艺用连续加单体方法将单体和乳化剂水溶液先乳化，再通过连续加乳化液的方法进行乳液聚合，这样乳液的颗粒度比较均匀，但增加一道先乳化的工序。

2. 聚丙烯酸酯乳胶涂料的配方和配制（表 60 – 3）

表 60 –3　聚丙烯酸酯乳胶涂料配方举例

配　　方	底漆泥子	白色内用面漆	外用水泥表面用漆	外用水器底漆
金红石型钛白	7.5 g	36 g	20 g	15 g
碳酸钙	20 g	10 g	20 g	16.5 g
云母粉				2.5 g
二异丁烯顺丁烯二酸酐共聚物	0.8 g	1.2 g	0.7 g	0.8 g
烷基苯基聚环氧乙烷	0.2 g	0.2 g	0.2 g	0.2 g
羟乙基纤维素				0.2 g
羟甲纤维素			0.2 g	
消泡剂	0.2 g	0.5 g	0.3 g	0.2 g
防霉剂	0.1 g	0.1 g	0.8 g	0.2 g
乙二醇		1.2 g	2.0 g	2.0 g
松油醇				0.3 g
丙烯酸酯共聚乳液（含量50%）	34 g	24 g	40 g	40 g
碱溶丙烯酸酯共聚乳液（含量45%）	2.8 g	1.5 g		
水	34.4 g	25.3 g	15.8 g	22.1 g
氨水调 pH 至	8～9	8～9	8～9	9.4～9.7
基料：颜料	1∶1.5	1∶3.6	1∶2	1∶1.7

表 60 – 3 给出了几个聚丙烯酸酯乳胶涂料的典型配方。

配方的原则与前述聚醋酸乙烯酯乳胶涂料相同，钛白的用量视对遮盖力高低的要求来变动，内用的考虑白度遮盖力多些，颜料含量高些；外用的要考虑耐候性，乳液的用量相对要大些。在木材表面，要考虑木材木纹温湿度不同时胀缩很厉害，因此颜料含量要低些，多用些乳液。

聚丙烯酸酯乳胶涂料的配制与聚醋酸乙烯酯乳胶涂料配制方法相同，此处不再赘述。

五、注意事项

（1）乳液配制时要严格控制温度和反应时间。

（2）加入单体时要缓慢滴加，否则要产生暴聚而使合成失败。

（3）乳液的 pH 一定要控制好，否则乳液不稳定。

（4）涂料的配方与聚醋酸乙烯酯乳胶涂料相仿。所不同的是碱溶丙烯酸酯共聚乳液必须用少量水冲淡后加氨水调至 8 ～ 9，才能溶于水中。可在磨颜料浆时作为分散剂。

六、思考题

（1）聚丙烯酸酯乳胶涂料有哪些优点？主要应用于哪些方面？

（2）影响乳液稳定的因素有哪些？如何控制？

实验六十一　液相沉淀法制备氧化锌纳米粉

一、实验目的

（1）学习液相沉淀法制备纳米粉的方法。

（2）了解氧化锌纳米粉的用途。

二、实验原理

1. 主要性质和用途

氧化锌，又称锌白，分子式为 ZnO。氧化锌纳米粉为白色或微黄色粉末，属六方晶体，晶格常数为 $a = 3.24 \times 10^{-10}$ m，$c = 5.19 \times 10^{-10}$ m，为两性氧化物，溶于酸和碱金属氢氧化物、氨水、碳酸铵和氯化铵溶液，难溶于水和乙醇。无味，无臭，在空气中能吸收二氧化碳和水，熔点约 1975 ℃，密度 5.68 g/cm³。氧化锌纳米粉是一种新型功能无机粉料，其粒径介于 1 ～ 100 nm 之间。由于颗粒尺寸微细化，使得氧化锌纳米粉产生了其本体块状材料所不具备的表面效应、小尺寸效应、量子效应和宏观量子隧道效应等，因而使得氧化锌纳米粉在磁、光、电、敏感元器件等方面具有一些特殊的性能。

本品主要用来制造气体传感器、荧光体、紫外线遮蔽材料（在整个 200 ～ 400 nm 紫外光区有很强的吸光能力）、变阻器、图像记录材料、压电材料、高效催化剂、磁性材料和塑料薄膜。也可用作天然橡胶、合成橡胶及乳胶的硫化活化剂和补强剂。还常用作陶瓷工业中的矿化剂。另外，在涂料、医药、油墨、造纸、搪瓷、玻璃、火柴、化工和化妆品等工业行业也有广泛的用途。

2. 制备原理

将氯化锌与草酸反应生成二水草酸锌沉淀，经焙烧后制得氧化锌纳米粉。所涉及的化学反应为：

$$ZnCl_2 + 2H_2O + H_2C_2O_4 \Longrightarrow ZnC_2O_4 \cdot 2H_2O \downarrow + 2HCl$$

$$ZnC_2O_4 \cdot 2H_2O \Longrightarrow ZnO + 2H_2O \uparrow + CO_2 \uparrow + CO \uparrow$$

其工艺流程图见图 61 – 1。

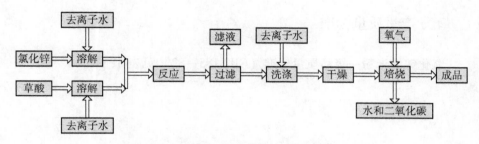

图 61 –1　液相沉淀法制备氧化锌纳米粉工艺流程

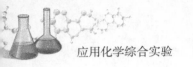

三、实验仪器和原料

1. 仪器

带搅拌器的反应釜（500 mL）、压滤式膜过滤器（小型）、真空干燥箱、旋转电炉、烧杯（250 mL、500 mL）、不锈钢小桶（250 mL、500 mL）等。

2. 药品

氧化锌（AR），含量大于99%，稀盐酸不溶物含量小于0.005%，水不溶物含量小于0.005%，灼烧残渣（以SO_4^{2-}计）含量小于0.002%，重金属离子（以Ca^{2+}计）含量小于0.003%。

草酸（AR），含量大于99.8%，水溶液质量小于0.005%，灼烧残渣（以SO_4^{2-}计）含量小于0.002%，重金属离子（以Ca^{2+}计）含量小于0.003%。

四、制备方法

（1）在一洁净的不锈钢桶中将10 g氯化锌加入100 mL去离子水，配制成锌盐溶液；在另一洁净的不锈钢桶中将9.52 g草酸溶于48 mL去离子水中，配成草酸溶液。

（2）将上述两种反应液分别加入洁净的不锈钢反应器中，搅拌反应，常温下反应2 h，生成白色沉淀二水草酸锌（$ZnC_2O_4 \cdot 2H_2O$）。

（3）将反应液进行过滤。滤渣用去离子水冲洗数次后，在真空干燥箱中进行干燥，干燥温度为110 ℃。

（4）干燥后的二水草酸锌在氧气气氛中，于350～450 ℃下焙烧0.5～2 h，得到白色（或淡黄色）氧化锌纳米粉。

五、产量质量标准

氧化锌纳米粉一级品质量标准（GB 3185－82）见表61－1。

170

表 61 – 1 氧化锌纳米粉一级品质量标准

项　　目	指　　标
氧化锌（以干品计）	≥99.7%
金属物（以 Zn 计）	≤无
氧化铅（以 Pb 计）	≤0.037%
锰氧化物（以 Mn 计）	≤0.0001%
氧化铜（以 Cu 计）	≤0.0001%
盐酸不溶物	≤0.006%
灼烧减量	≤0.20%
水溶物	≤0.10%
粒径/nm	20～40

六、产品的分析方法

1. 氧化锌含量的测定

0.13～0.15 g 烘去水分的试样（称准至 0.0001 g），置于 400 mL 锥形烧瓶中，加入少量水润湿，加入 3 mL 1∶1 盐酸。加热溶解后，加水至 200 mL，用 1∶1 氨水中和至 pH 为 7～8，再加入 10 mL 氨 – 氯化铵缓冲溶液（pH = 10）和 5 滴铬黑 T 指示剂（含量 0.5% 溶液），用 0.05 mol/L EDTA 标准溶液滴定，溶液由葡萄紫色变为正蓝色即为终点。

氧化锌含量按下式计算：

$$w_{ZnO} = 0.08138 \ cVm \times 100\%$$

式中：c——EDTA 溶液物质的量浓度，mol/L；

　　　V——滴定耗用 EDTA 标准溶液体积，mL；

　　　m——试样质量，g；

　　　0.08138——1 mmol ZnO 的质量，g/mmol。

2. 金属锌含量的测定

称取 10 g 试样（称准至 0.01 g）置于装有玻璃球的 500 mL 碘瓶中，以水润湿之，准确加入 25 mL 0.05 mol/L 碘标准溶液，摇动混合，盖上瓶塞并加水密封，置于暗处 1 h，经常振荡。然后缓慢加入 90 mL 1∶3 盐酸溶液。盖紧瓶塞，立即以冷水冷却至室温，待氧化锌全溶后，以水冲洗瓶塞及瓶

壁，立即以 0.05 mol/L 硫代硫酸钠标准溶液滴定，待溶液变成浅黄色，加入 1～2 mL 淀粉指示剂（含量 0.5% 溶液），继续滴定至蓝色消失为终点。同时做一空白试验。

金属锌含量按下式计算：

$$w_{Zn} = 0.03270 \, cm(V_1 - V_2) \times 100\%$$

式中：V_1——滴定空白耗用硫代硫酸钠标准溶液体积，mL；

$\quad\quad V_2$——滴定试样耗用硫代硫酸钠标准溶液体积，mL；

$\quad\quad c$——硫代硫酸钠标准溶液物质的量浓度，mol/L；

$\quad\quad m$——试样质量，g；

$\quad\quad$ 0.03270——1/2 mmol Zn 的质量，g/mmol。

3. 盐酸不溶物含量的测定

称取 20 g 试样（称准至 0.1 g）置于 300 mL 烧杯中，用少量水润湿，加入 200 mL 1∶1 盐酸溶液，加热溶解完全后，用定量滤纸过滤，滤渣用热水洗至无氯离子为止（用含量为 1% 的硝酸银溶液检测），将滤纸移入已称至恒重的坩埚中，碳化，移入高温炉中，在 800 ℃灼烧至恒重，得盐酸不溶物质量。

盐酸不溶物含量 w_1 按下式计算：

$$w_1 = m_1/m \times 100\%$$

式中：m_1——盐酸不溶物质量，g；

$\quad\quad m$——试样质量，g。

4. 灼烧质量的测定

称取 2～3 g（称准至 0.0002 g）预先在 105～110 ℃下烘去水分的试样，放在 800～850 ℃下灼烧至恒重。

灼烧减量 w_2 按下式计算：

$$w_2 = m_2/m \times 100\%$$

式中：m_2——灼烧后式样减轻的质量，g；

$\quad\quad m$——试样质量，g。

5. 粒径的测定

利用透射电镜进行观测，确定粒径及粒径分布等。

6. 晶体结构的测定

利用 X 射线衍射仪检测粒子的晶型。

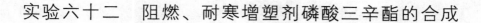

实验六十二　阻燃、耐寒增塑剂磷酸三辛酯的合成

一、实验目的

（1）了解磷酸盐系增塑剂的主要性质和用途。
（2）掌握磷酸三辛酯的合成原理和合成方法。

二、实验原理

1. 主要性质和用途

磷酸三辛酯代号为 TOP，结构式为：

$$CH_3(CH_2)_3CHCH_2O-\underset{\underset{OCH_2CH(CH_2)_3CH_3}{\overset{|}{OCH_2CH(CH_2)_3CH_3}}}{\overset{\overset{O}{\parallel}}{P}}-OCH_2CH(CH_2)_3CH_3$$

本品为无色液体，相对密度为 0.920（20 ℃），沸点为 216 ℃，折光率为 1.441（25 ℃），水中的溶解度为 0.01 g，可与矿物油、汽油混溶。

本品是聚氯乙烯的优良耐寒增塑剂之一，低温性能优于己二酸酯类，且具有防霉和阻燃作用，热稳定性和塑化性能较差，与磷酸三甲苯酯并用可得到改善。与 DOP（二辛酯）并用可得到自熄性制品。主要用于聚氯乙烯电缆料、涂料以及合成橡胶和纤维素塑料。

2. 合成原理

磷酸三辛酯由三氯氧磷与 2 - 乙基己醇反应制得，反应式为

$$POCl_3 + 3CH_3(CH_2)_3\overset{\overset{C_2H_5}{|}}{CH}CH_2OH \longrightarrow [CH_3(CH_2)_3\overset{\overset{C_2H_5}{|}}{CH}CH_2O]_3PO + 3HCl$$

在低温下，三氯氧磷与 2 - 乙基己醇混合后在 60 ℃反应，控制氯化氢的排除使反应进行到底。然后经纯碱中和、水洗至中性、减压蒸馏而制得。

三、主要仪器和药品

1. 仪器

四口烧瓶（250 mL）、滴液漏斗（60 mL）、玻璃水泵、氯化氢吸收装置、锥形瓶（100 mL）、分液漏斗（250 mL）、烧杯（500 mL）、电热套、温度计（0～100 ℃、0～300 ℃）、分馏装置。

2. 药品

三氯氧磷、2 - 乙基己醇、碳酸钠、氢氧化钠。

四、实验内容

1. 合成磷酸三辛酯

将 80 g 2 - 乙基己醇加入四口烧瓶中，升温至 50 ℃时开始用滴液漏斗滴加 30 g 三氯氧磷，控温（60 ± 2）℃，在 30 min 内加完，继续反应 3 h。反应产生的氯化氢用含量为 5% 的氢氧化钠溶液吸收。将反应物倒入烧杯中，用含量为 10% 的碳酸钠溶液中和至 pH 为 7～8。再用 80 ℃的热水水洗 3 次，每次 100 mL 热水，用分液漏斗分离，以除去水、三氯氧磷等。

2. 产品分离

将磷酸三辛酯溶液加入蒸馏烧瓶中，减压蒸馏，将水和未反应的 2 - 乙基己醇蒸出，剩余物为磷酸三辛酯。称重，并计算收率。

五、注意事项

（1）注意反应装置密封。

（2）氯化氢吸收装置要防止水倒流。

（3）三氯氧磷遇水分解，故所用仪器必须干燥。

六、思考题

（1）反应用的四口烧瓶和滴液漏斗等反应器为什么必须干燥？

（2）合成的粗磷酸三辛酯用什么方法精制？